博碩文化

博碩文化

博碩文化

演算法洞見

遞推與遞迴

Recurrence and Recursion

劉鐵猛 (Timothy) ／著．廖信彥／審校

本書利用遞推與遞迴演算法
來處理各式各樣的資料結構
遞推與遞迴是演算法的根基

演算法洞見
遞推與遞迴
Recurrence and Recursion

劉鐵猛 (Timothy) ／著・廖信彥／審校

本書利用遞推與遞迴演算法
來處理各式各樣的資料結構
遞推與遞迴是演算法的根基

本書如有破損或裝訂錯誤，請寄回本公司更換

作　　者：劉鐵猛 (Timothy)
審　　校：廖信彥
責任編輯：林楷倫

董 事 長：陳來勝
總 編 輯：陳錦輝
出　　版：博碩文化股份有限公司
地　　址：221 新北市汐止區新台五路一段 112 號 10 樓 A 棟
　　　　　電話 (02) 2696-2869　傳真 (02) 2696-2867
發　　行：博碩文化股份有限公司

郵撥帳號：17484299　戶名：博碩文化股份有限公司
博碩網站：http://www.drmaster.com.tw
讀者服務信箱：dr26962869@gmail.com
訂購服務專線：(02) 2696-2869 分機 238、519
（週一至週五 09:30 ～ 12:00；13:30 ～ 17:00）

版　　次：2022 年 5 月初版一刷
建議零售價：新台幣 600 元
I S B N：978-626-333-106-8（平裝）
律師顧問：鳴權法律事務所 陳曉鳴 律師

國家圖書館出版品預行編目資料

演算法洞見：遞推與遞迴 / 劉鐵猛(Timothy)著. -- 初
版. -- 新北市：博碩文化股份有限公司, 2022.05

　面；　公分

ISBN 978-626-333-106-8(平裝)

1.CST: 演算法

318.1　　　　　　　　　　　　　111006540

Printed in Taiwan

博 碩 粉 絲 團　歡迎團體訂購，另有優惠，請洽服務專線
　　　　　　　　(02) 2696-2869 分機 238、519

｜ 致謝 ｜

　　親愛的讀者，當你讀到這篇致謝的時候，你應該還沒有開始正文的閱讀，因為大多數時候「致謝」都緊跟在一本書的序言之後。而對於我們作者來說，「致謝」則常常是需要為一本書撰寫的最後部分，因為這時候整本書的編輯、勘校、排版等工作已經收尾，馬上就要印刷發行了。對於我而言，「致謝」也是最激動人心的部分，因為在這裡出現的都是與本書出版相關的、最重要的人們─它就像一個時空隧道，幾十年後打開它，依然會讓我想起這些朋友、讓一件件往事歷歷在目。

　　本書的順利出版，首先要感謝中國水利水電出版社的周春元先生。若不是周先生慷慨接納我的文字並組織最優秀的團隊將之編輯成冊，恐怕這些有趣的內容會永遠躺在網際網路的某個角落裡、無緣與大家相見。次者，我要將我最誠摯的謝意獻給本書的責任編輯陳潔女士，是她親自用一雙慧眼和化腐朽為神奇的能力將我那堆粗鄙不堪的文字編輯成一本讓人賞心悅目、愛不釋手的書籍。你可能會想：「不就是作者對出版社的日常吹捧嘛，有什麼！」還真不是這樣。試想，如果你看到一個講演算法的作者把 Java 虛擬機器的縮寫寫成 JMV（正確的應該是 JVM），你會怎麼想？你一定會想：「你到底會不會程式設計啊？還講演算法！」是的，就像你所感受到的，內容當中的「低級錯誤」傷害的已經不僅僅是閱讀體驗，傷害更多的恐怕是讀者對內容和對我的信任。而前面這個錯誤，正是我親手寫下的、幾十上百個錯誤中的一個（而且不是最「丟人」的一個）。對於程式設計師而言，「筆誤」這個東西是不存在的，因為無論是腦子抽筋還是筆誤，所產生的錯誤程式碼都會讓程式崩潰。整個編輯和勘校過程，自始至終，陳編輯都與我保持著十分密切的聯繫。每次她發來的編輯建議中，都會有那麼幾個讓我汗顏自責的錯誤，甚至懷疑自己培養了十多年的職業素養是不是都拿來餵鄰居家的哈士奇了。萬幸有陳編輯鼎力相助，才讓這本書在這麼快的時間順利出版。陳編輯不但治學嚴謹，而且十分耐心─編輯過程中，經常是她剛剛編輯好一章，我就對

原稿內容做了補充或者修改，而陳編輯從來沒有怨言、馬上就做出相應的調整，讓我十分感動。讓我們一起為她點讚！另外，儘管本書中的程式碼在我本機上都能順利運行，但這並不意謂著其中就 100% 沒有 bug，而且，程式碼中的 bug 也完全超出了編輯團隊的知識範圍。所以，如果大家發現錯誤—算我的，請不要責怪編輯團隊。我一定會以最快的速度改正錯誤。

我小的時候，家裡經濟條件不好，按理說是沒有機會接觸到電腦並最終以電腦科學作為自己職業生涯的。所以，我一生都要感謝我的電腦啟蒙老師—劉曉林先生。正是他用自家的 286 將我帶上了電腦科學的道路，讓我認識到了什麼是 DOS，什麼是 Windows，什麼是程式設計。一轉眼我已經成長到了當年劉叔叔教我電腦的年齡—我也將肩負起一個先行者的責任，將電腦科學技術普及給更多的新人，讓更多的新生代年輕人接觸到這個行業。

跟師父進門後，我之所以能夠繼續在電腦科學領域紮根、發展，全靠志同道合的夥伴們引領和鼓勵。在這些夥伴中，對我影響比較深遠的有這麼幾位：劉揚（初中摯友，劉叔叔的兒子）、張博（高中摯友，現在在上海從事法律與電腦科學結合的創新、創業）、謝志威（大學摯友，現在是小學校長）、餘峰（旅美後的職業發展榜樣，現就職於 Google）。感謝生命中有你們的出現。

電腦科學行業是豐富多彩的。進入行業後，我遇到了形形色色的人們，也有了些許起起伏伏的經歷。感謝每一位曾經與我有過交集的朋友，感謝每一分信任、每一次鼓勵、每一個挑戰……在你們身上，我發現了無窮無盡的優點，也從你們那裡學到了很多之前不曾具備的能力。是你們，讓我從一個魯莽無知的少年，成為了一個穩健前行的中年人。是你們，讓我認識到「尊重真理，尊重人性」是一種多麼珍貴的品質。

劉鐵猛

| 推薦序 |

◈ 一夜春風，萬樹梨花

Thomas H.Cormen、Charles E.Leiserson、Ronald L.Rivest、Clifford Stein 合著的《演算法導論（第三版）》一書，涵蓋了我們常用的大多數演算法，並系統性地對各個演算法從概念、性能、優劣等各方面進行了深入而有見地的分析與講解，全書近 800 頁。這本書的四個作者全部是全球頂尖大學的博士加教授，所以這本書有再大的聲響，也實在不算奇怪。

Robert Sedgewick、Kevin Wayne 合著的《演算法（第四版）》也大概在同一時期出版，也許是由於作者比上面那本書少了兩位，全書只有 600 來頁，雖然拿在手裡還是不輕，但無論如何，能夠在那個年代給出演算法的 Java 實現，也真是善莫大焉。

以上兩本書的出版時間，大概都是在 2012 年。此後，隨著國內軟體技術水準的飛速提高，在演算法領域也湧現出不少優秀的圖書作品。總之，但凡能為讀者降低一丁點學習難度的演算法書，都受到了讀者喜愛。

但上述兩本書的地位卻從未受到過實質性挑戰，被讀者奉為演算法學習之圭臬，長期佔據演算法類圖書排行榜前兩名。這種現象的產生，可能包含了上述提到的種種原因，或許也有致敬經典或購書的從眾心理。但不得不說，粗略算來，以上兩本書離出版時間迄今已經 8 年有餘，8 年時間，當時牛的孩子現在應該可以打醬油了。而兩三斤的重量，也不是普通演算法練家子敢於承受的──無論是心理還是身體。

演算法，承載著無數程式設計師的追求與夢想，縱是被虐千百遍，依然待之如初戀。演算法在磨礪著眾多程式設計師心智的同時，也在被無數程式設計師吸收、質疑、優化。鐵猛，便是這隊伍中的一員。

說起鐵猛，不少資深的程式設計師都熟悉。大概在以上兩本演算法圖書出版的同一時期，鐵猛的第一本技術著作《深入淺出 WPF》面世，這本書，也是近 10 年來鐵猛寫過的唯一的一本書。儘管已經重印十餘次，但直到現在，該書依然有讀者在不斷購買。近 10 年來，WPF 的版本已歷經數次更新，市場上講解 WPF 最新版本技術的圖書也比比皆是。作為該書當時的編輯，我確信該書在技術之外，一定有些其他可以觸動讀者的因素，這或許包括其治學的態度，或許包括對其文字的欣賞，或許還包括某些只有程式設計師可以體會的特別的原因。我只知道，因為這本書的積累，鐵猛的功力達到了一個相當的高度，從而得以順利進入美國微軟。

不久前的某一天，身在美國的鐵猛聯繫我，說他在準備面試的過程中，總結了一些關於演算法的內容，想讓我幫忙看看內容。我嘴上是淡淡的答應，心裡卻著實來了精神。以我對鐵猛的瞭解，他主動拿出去讓人推薦的，一定是他最用心、最值得與技術社群分享的好東西。

他把這些關於演算法的內容發給了我，也就是本書的初稿，基本上也是本書的終稿。我把本書的一些審讀體會講給大家。

首先，本書與上述提到的《演算法導論》及《演算法》相比，是一本讓你有條件可以倒背如流的書。所謂的有條件，一是書不能太厚，六七百頁的書，讀一遍都困難，別說倒背了；二是得能夠讓人真正深刻理解，對於理解不了的書不要說百十來頁，就是背上一頁都難於上青天；三是要有倒背的必要，你若對任一經典演算法能信手拈來，相信你一定可以得到一個全球 IT 企業 Top 10 的 Offer，面對這種投資產出比，背幾個演算法，有何不可？四是要背就得背一本值得背的書。

當然，請讀者背一本書只是個玩笑，每位讀者對一本書的價值，都有自己的評定。

原書主題為「演算法之禪」。演算法，不要說是照本宣科地講，哪怕深入淺出地講，我感覺與這個「禪」的意境還是雲泥之別。

禪是諸法因緣生。演算法領域，經典籠罩，讀者能發現此書，為「緣」。

禪是一沙一世界。如果能從作者的某句話中得到一個頓悟，能從一個演算法的講解中體會到作者之所以達到某種高度的內因，這書是 100 多頁還是 800 多頁，也就無關緊要了，你必將擁有世界。

演算法像一個棒槌，中間容易兩頭難。假設天下演算法共有九九八十一種，你若想創造出第八十二種，這比較難，建議隨緣；若想把這八十一種演算法都弄明白怎麼回事，不是太難，但僅弄明白怎麼回事，除了話家常外卻沒什麼別的用處；要把任意演算法都能信手拈來，這個也比較難，但確是值得下些功夫的，因為這類人在程式碼江湖中不足十之一二，一旦入圍就是值得仰望的存在。

可見，演算法學習的核心，就是演算法的實現。不能實現、面試時不能實現、面試時稍加變化就不能實現，這代表了演算法水準的地下三重天，反之則是地上三重天。而在實際工作中，面對實際應用場景，一個最恰當的演算法能不能即時地從腦海中躍然而出並就地化為程式碼，這是我們真正的目標。

而任何演算法的實現，世界上只有兩條路：遞推，或者遞迴。

遞推與遞迴都能完成演算法的實現，各有所長又各有侷限，當你既可以用遞推的思想來實現演算法，又可以用遞迴思想來實現演算法，你就實現了 Offer 自由。

而本書，不但對演算法進行了完整的實現，更是用遞推與遞迴的方法進行了雙重實現。從這個角度，本書還當真是世界無二了。

我真誠向大家推薦這本書，希望大家有緣領略鐵猛老師優雅的文字、極美的程式碼、深邃的思想，在本書的引領下，實現 Offer 自由。

十年寒窗，只待一夜春風，萬樹梨花。

周書元

北京

｜序言｜

◎ 緣起

當我們處理一組資料的時候，只有遞推（recurrence）和遞迴（recursion）兩種程式碼能夠推動程式不斷前行，直到把這組資料全都處理完──如果不是僅有遞推一種的話。換句話說，遞推和遞迴是所有演算法的根基，這是由圖靈機的特性所決定。

至於這組被處理的資料，一般對它的最低要求是──能夠存取其中的每個元素。「存取每個元素」最基本的方法就是「從頭到尾訪問一遍」，也就是所謂的「迭代」（iteration）。除此之外，可能還有別的方式存取這組資料的元素，例如：如果其中的元素有先後順序，那麼就可以直接存取「排在第幾位的某個元素」；或者，每個元素都有一個與之對應、唯一的「別名」（好比每個學生的學號），便能透過別名存取資料中的元素。

再進階一些，資料的元素之間彼此可能會有關聯。諸如：一個元素知道排在自己「前面」和「後面」的元素是誰──也就是對這個元素的存取「會從哪裡來」和「會到哪裡去」。由此得知，如果排在某個元素「前面」和「後面」的元素總是單一的（既不共用「前面」的元素，也不共用「後面」的元素），那麼這組資料就好像一條鎖鏈（當然也有可能是首尾相接，如「銜尾蛇」一般的環）；如果「前面」總是一個元素，而「後面」允許有多個元素（共用「前面」的元素），且元素間不共用「後面」的元素，此時這組資料看起來便像一棵樹；當元素開始共用它們「前面」和「後面」的元素時，資料之間的關係就好比一張網了……換句話說：當一組資料以某些簡單或複雜的關係組織在一起時，它們就成為資料結構（data structure）。

因為元素之間可能有無窮無盡的關係，照理說資料結構也應該是無窮無盡。但隨著計算機科學的不斷演進，那些功能明確、有效的資料結構就被保留了下

來，不斷地標準化成抽象資料類型（abstract data type, ADT），並最終納入各個程式語言的標準程式庫中。反之，那些功能不明確，或者「不怎麼好用」的資料結構便慢慢淘汰，永遠地沉睡在某個時代的論文中。利用基於遞推和遞迴的演算法處理各式各樣的資料結構——幾乎就是全部的程式設計活動。

雖然業界叫得出名字的資料結構早就數以百計，但常用的也就十來種。因此，能夠熟練地將十來種經典的資料結構，分別以遞推和遞迴的方法進行各種處理，並且解決各種現實中的問題，對所有希望提升程式設計水準的人都至關重要——包括從自學轉向專業學習的朋友、想參加程式設計競賽的朋友，以及正在準備面試的朋友。這本書的大概體量，大約會有上百段可以直接拿來使用的程式碼。這些程式碼，希望大家能夠做到「one round bug free」，亦即不出錯地寫對一遍——這就是業界對「熟練」的定義。這種「熟練」度，無論是對提高程式設計速度，還是對提高程式碼品質來說，都是大有裨益。很多朋友都在問：「有沒有一本書，若把上面的程式碼都背過，程式設計水準就提高上去了？」我想，這本書就是吧！當然，機械地背誦程式碼沒有用，真正的「背過」，指的是已經完全透徹地理解每種演算法，就像它們已經融入了自己的思維和血脈。

有人可能會問：「真的有必要背過幾百段程式碼嗎？」當然不是，因為很有可能有些演算法的實作複雜且不實用，收錄它們的意義在於——關鍵時刻可以不選擇它們。此處想要傳遞的一個理念是——當掌握解決問題的方法，是即將面對問題的超集合時，就沒有什麼問題能真正難倒自己了。這裡說的「問題」指的是那些有可能遇到、常見的問題，例如：工作上、競賽中或者是面試時的問題等。嚴格說來，這也是一種演算法思想呢！叫做「窮舉法」（proof by exhaustion），也叫「暴力列舉法」（brute force method）。別看又是 exhaustion 又是 brute，在明智地限定好範圍、不過多浪費時間和精力的情況下，最扎實的學習方法莫過於此。說實話，個人不太相信自己在工作、競賽或面試中能夠「急中生智」。所有的「靈光一現」，都是在平時的工作和學習做了充分的累積，在關鍵時刻，大

腦將快速地檢索一遍既有的經驗，發現拆分和重組某幾種經驗後，正好可以用來解決當下的問題。憑心而論，如果不想把解題或者面試搞得像賭博似的，最好的辦法就是把功夫下在平時——平時耐心地、踏踏實實地學習和訓練才能讓我們「心有靈犀」，然後在面對問題的時候「一點就通」，否則，空空的腦袋無論如何也點不通。

　　插一個小問題：給一組平面上的點，先去掉兩個點，讓剩餘的點在平面所佔的面積最小。應該怎麼解決這個問題呢？沒經驗的朋友可能會以為，這也許是個計算幾何學的問題。其實哪有那麼複雜！解法是：分別找出這組點中 x 和 y 的值最大和最小的點，一共四個，然後兩兩組合、嘗試去除，看看剩下的面積最小是多少就行了——一共才嘗試 6 次，絕對是個可以接受的解決方案。這就是前文提到的「明智地限定好範圍」。

　　回到正題。如果信奉某種思想，這種思想一定會滲透到日常生活中，影響到各個方面。以「窮舉法」為例，講解一個問題前，個人喜歡把找到的所有資料，或粗或細地看一遍才感覺心裡有底；平時也喜歡挑個風和日麗的日子，嘗試探索生活社區周邊的大街小巷。特別懷念十年前住在北京積水潭的日子，那裡似乎有永遠也逛不完的老北京胡同。記得有一回，沿著一條長長的胡同七彎八拐地走了很遠，一出胡同，眼前豁然開朗——幾條胡同匯聚的地方是一大片空地，空地上有一個頗有年份的便民市場。舊式的牆壁上，幾十年前的標語依稀可見，就好像那裡的時間從未流逝過一般。市場裡有各種攤位，除了蔬菜瓜果、生活用品之外，甚至還有些老物件和小古玩等。陽光穿過樹冠，再從市場的頂棚照射下來，行走其間，眼前忽明忽暗。穿過市場，從盡頭的一個小門走出去，沒想到竟然是一條車水馬龍的主幹道！那種跨越古樸與繁華兩個世界的感覺，至今記憶猶新。直到現在，已經旅居美國十年，仍然喜歡開著車子探索城市的每一條道路，去體驗那種「柳暗花明又一村」的驚喜，最重要的是——趕上塞車的時候，幾乎總能找到一條人煙稀少的小徑，順順利利地回到家中。

這本書的程式碼裡，處處埋藏了這樣的驚喜，當細細品味、把玩它們時，一定會發出不少讚嘆：「哦！原來這種演算法與那種演算法是相通的！」這樣一來，下次面對類似問題時，就不會再猜來猜去、猶豫不決——因為從起點到終點有幾條路、哪條路是通的哪條不通、哪條路最好走哪條較費勁，早就已經了然於胸。閱讀本書的時候，希望能和筆者一樣體驗到那種「探路」的感覺。這種感覺應該是輕鬆、愉悅的，所以，千萬別緊繃著神經，認為自己是在學習演算法，必須一絲不苟才行。請把提高程式設計能力的期望，寄託在個人能夠承受、長時間的研習上，最好還能體驗到「心流」（flow）的感覺。面對錯誤，更要放寬心——探路的時候哪有不犯錯的？不走進幾次死胡同，那能叫探路嗎？況且，「此路不通」也是知識的一部分，它可以明確地告知在某些情況下什麼是明智的選擇，不要在那裡白費時間。

個人看來，程式碼、生活和寫作都富有禪意，禪意來源於對它們的專注。所謂專注，就是摒除一切雜念，保留最純真、最本質的部分；透過「漸修」不斷累積資糧和磨煉意志，最終在「頓悟」中明心見性、得到真趣並接近真理。

這本書所記錄的，就是筆者在演算法學習的一些「漸修」與「頓悟」。

◈ 預備知識

前文提到了遞推、遞迴、資料結構等概念，顯然，這不是一本絕對入門級的書籍。但本書也絕不是什麼高深之作，充其量就是一本厚一點的部落格文集，所以完全不必緊張。如果想從本書汲取營養，需要具備下列知識。

首先是一定的 Java 語言設計能力，包括：

- 對於類型（type）、變數（variable）、常數（literal）等概念有正確的理解。
- 能正確使用常用的運算子（operator），以組成運算式（expression）。

- 能正確使用 if、for、while 等常用語句。

- 能正確地宣告和呼叫方法（method）。

- 知道怎麼宣告類別（class）和實作介面（interface）。

- 知道如何建立類別的實例，並與之互動。

- 知道如何閱讀 Java 語言和程式庫的文件。

- 讀懂別人的程式碼，以及偵錯（debug）程式碼的能力。

- 敏銳的觀察力和縝密的思考力。

　　本書之所以選用 Java 語言編寫程式，原因是 Java 開發套件（Java Development Kit, JDK，也就是常說的 Java 語言程式庫）包含了豐富的資料結構，可以直接拿來使用。筆者日常工作中會用到 C#、C/C++、Python、Java、JavaScript 和 Go 幾種語言（沒錯，稍微資深一點的程式人員，在工作中都會使用不止一種語言，那些只抱著一種語言不放，並「誓死效忠」的傢伙們肯定是剛剛起步）。個人感覺，在不呼叫合作廠商程式庫的前提下，語言內建程式庫的演算法 / 資料結構豐富程度，大概是：Java ≥ C++ > C# > Python ≥ JavaScript ≥ Go > C。舉個例子：眾所周知，優先佇列（priority queue）是一種在演算法很常用的資料結構，Java 和 C++ 的程式庫都實作了這種資料結構，但 C# 就沒有（至少目前還沒有，.NET 5.0 據說會加進去，不過那也是 2020 年底的事了）。堆疊（stack）資料結構就更常使用，Python、JavaScript、Go 的程式庫都沒有直接實作此資料結構——只能改用功能近似的資料結構「湊合」一下——雖然不影響程式的功能，但絕對不是寫作時的首選。

　　其次是對經典資料結構的一些瞭解，包括：

- 知道陣列（array）、列表（list）、鏈結串列（linked list）、佇列（queue）、堆疊（stack）、優先佇列（priority queue）、集合（set）、字典（map/dictionary）、併查集（union-find）等的特性、功能，知道如何呼叫它們的 API。

- 最好還能瞭解上述資料結構及樹（tree）、圖（graph）等進階資料結構的實作。
- 理解這些資料結構巢套在一起時的功能和效果，如二維陣列、列表的列表等。

主要是這本書的目的和份量，不允許在裡面講解諸如「陣列插入 / 刪除元素的效率」，或是「如何使用鏈結串列實作佇列和堆疊的 push/pop 方法」等內容。此外，講述這些經典內容的書籍比比皆是，而且已歷經數十年的打磨與沉澱，筆者又怎敢襲人故智？在本書中，更多的是如何直接使用這些資料結構，並與各種演算法結合，以展現出不同的功能和效果。

若想學習資料結構相關的基礎內容，推薦由 Robert Sedgewick 與 Kevin Wayne 合著的《演算法》（目前是第 4 版，有中文版），以及由 Thomas H. Cormen、Charles E. Leiserson、Ronald L. Rivest 與 Clifford Stein 合著的《演算法導論》（目前是第 3 版，有中文版）。就像《窮查理寶典》書名中的「窮查理」——查理·芒格擁有 17 億美元的淨資產一樣，《演算法導論》的書名雖然有個「導論」，但此「導論」是相對於整個計算機科學而言。沒有意外的話，如果未來不從事專門的演算法研究，這本「導論」基本上足夠當成整個職涯的參考了。因此，千萬別被書名誤導。

相信有些想轉職或業餘的朋友，在嘗試學習上述兩本書的過程中，會感到它們很「硬」、很艱深、很難吸收。沒關係！只需要瞭解這些經典資料結構的大概就行，本書會帶領實踐它們的應用。相信在豐富的練習中，便能逐漸熟悉每種資料結構的功能和特性，之後就可以繼續深入學習這兩本書。實際上，這兩本書的重要演算法都已經內含於本書的程式碼範例中，敬請笑納。

都說書是用來結緣的。如果能透過這本書在學習和職場上結緣，請在領英（LinkedIn）上與筆者建立聯繫（www.linkedin.com/in/hexagons），這樣我就可以更好地傾聽您的心聲和需求、分享資訊和資源，並且互相勉勵、共同進步。

| 目錄 |

04　演算法皇冠上的明珠

05　搜尋：來而不往非禮也

06 圖：包羅萬象

A　後記

觀念與實作

　　遞推（recurrence）與遞迴（recursion），既可表達觀念，又可以是實作。一般說「這個問題可以用遞推（或遞迴）的方法來解決」時，它們指的是觀念、思路。而當改為「這是一段遞推（或遞迴）程式碼」時，指的又是程式設計與實作。有人叮能會想：「遞推觀念當然得用遞推程式碼來實作，而遞迴觀念當然得用遞迴程式碼來實作，順理成章嘛！」其實不然，採用遞迴程式碼實作遞推觀念，或者相反的情況並不在少數——有時候是為了程式碼的清晰和簡化，有時候則是受到軟體工程規約的限制。

　　本章就一起把遞推與遞迴的觀念與實作理順一遍。

1.1 觀念

遞推與遞迴都有一個「遞」字，「遞」指的是「遞進」，亦即依靠重複某個模式（pattern）不斷向目標推進的意思。這絕不是望文生義，因為它們的英文單詞也都帶有 re- 這個表示重複的前綴。所以，重複是它們的關鍵。但請留意——演算法必需要能適時地停下來，因此重複不能永遠地進行下去。也就是說，當使用遞推或遞迴觀念的時候，除了關心它們是怎樣重複的，也要在第一時間思考如何停下來。如果只考慮怎樣重複、不考慮停止，遲早會像困在樹梢上的貓咪一樣，等著消防人員來解救。

接下來再來看看它們的區別。

遞推觀念中的「推」（即「推進」、「推導」之簡寫），指的是立足於當下已知的資料，向著目標結果推導出下一步結果，直到達成目標。請注意，由當下已知的資料推導出來的「下一步」結果，可能是一個或者多個，如果是多個，就有可能涉及多個結果之間的協同與取捨。

遞迴觀念中的「迴」（即「迴歸」之簡寫），指的是一開始並不知道當下的結果，需要等待用來建構結果的基礎資料都收集上來（即釋放出去的問題都有答案，各答案紛紛迴歸本處）後，才能得到當下想要的結果。而且，此結果還有可能是別的發問者想要的答案，還得繼續向上提交。遞迴觀念在收集低一層基礎結果時，可能只是在等待一個，或是等待多個結果，若為後者，那麼遞迴觀念的兩個獨特優勢就體現出來：

（1）遞迴觀念可以保證所有底層問題（子問題），一定會在上層問題（父問題）解決之前便都解決；而且，透過快取子問題的結果，還能保證每個子問題只求解一次、不重複求解。

（2）這些收集上來的結果可以在當下這步進行「碰撞」，亦即進行協同、彙總、平衡、取捨。換句話說，遞迴觀念內建「對齊」效果。

遞推觀念與遞迴觀念沒有優劣之分，不同的場景下有各自不可取代的優勢。當然，礙於它們各自的限制，分別也都有做不了或不擅長的事情。大多數情況下，這兩種觀念是互補的。

下面透過一個例子，仔細體驗遞推觀念與遞迴觀念的不同之處。這個例子很簡單：給一個 int[] 類型的陣列，請分別利用遞推和遞迴的觀念進行求和。

我想，大多數人（特別是程式設計的初學者）都很習慣使用一個迴圈語句（也就是遞推的觀念）來解決這個問題，對於應用遞迴觀念來求和，多少會有點兒吃驚。這一點也不奇怪——因為對於很多問題來說，遞推與遞迴觀念之於對方都有壓倒性優勢，以致於在教育和傳承的過程當中，課堂上壓根就不再提及另一種方法——這讓我們離禪的意境與精神越來越遠。而本書則得把它找回來，程式碼如下：

```
public class Main {
    public static void main(String[] args) {
        int[] arr = {100, 200, 300, 400, 500, 600};
        int sum1 = sum(arr), sum2 = sumToEnd(arr, 0);
        System.out.printf("%d and %d are equal.\n", sum1, sum2);
    }

    // recurrent，遞推的
    public static int sum(int[] arr) {
        var sum = 0;
        for (var n : arr) sum += n;
            return sum;
    }
```

```
    // recursive，遞迴的
    public static int sumToEnd(int[] arr, int cur) {
        if (cur == arr.length - 1) return arr[cur];
        return arr[cur] + sumToEnd(arr, cur + 1);
    }
}
```

程式碼很好理解：在遞推觀念的版本中，一開始手裡有一個值為 0 的累加值變數 sum，然後，以這個變數開始迭代陣列的每個元素——每取到一個元素，就把這個元素的值累加到 sum 變數，也就是根據目前已有的 sum 值，推導出 sum 的下一個值。而在遞迴觀念的版本中，程式碼表達的意思是，某個元素會說：「別急，我後面的元素，它們的和，加上我的值，就是我們的總和了，先等後面的元素值把和求完，然後就可以把總和告訴你了！」

程式的執行結果如下：

```
2100 and 2100 are equal.
```

對於本書所有的程式碼，衷心希望大家都能親自動手編寫和偵錯幾遍，直到確保對它們毫無疑問為止。另外，針對程式碼的風格，想必有人也發現了，只有一行嵌入語句的 for 和 if 語句都壓縮在同一行裡——這麼做是有原因的。首先，這可以讓程式碼在縱向上變得更短、邏輯密度更大，以便在上下掃視程式碼時讀得更快、讀進去更多資訊，必須習慣這種方式；其次，此舉有效地避免程式碼跨頁，讓閱讀產生不便的可能，同時也節省紙張、更加環保。短小、密度大、環保——這才有禪意。至於工作與面試，這些都是世俗的事情，世俗的事情有世俗的規矩，別人遵守自己也得遵守，不然會被同事和面試官懷疑不會寫程式。

談及程式碼的禪意，「工整」是一種禪意，「犀利」也是。例如，遞迴觀念版的程式碼也可以寫成：

```
public static int sumToEnd(int[] arr, int cur) {
    if (cur == arr.length) return 0; // 越界代償
    return arr[cur] + sumToEnd(arr, cur + 1);
}
```

這種寫法，儘管只有一個細節不同，但是它更短小，（筆者感覺）也更犀利。此處用到一個「越界代償」技巧，就是用一個「無害」的值，去取代或補償一個「無意義」（甚至是「有害」）的值。這個技巧在未來還會應用多次。

遞迴觀念對陣列求和還有多種「奇思妙想」，詳述於後面的章節。

1.2 實作

形而上者謂之道，形而下者謂之器——觀念與實作之間就是「道」與「器」的關係。一般情況下，應用遞推觀念的演算法會以遞推程式碼來實作，應用遞迴觀念的演算法則使用遞迴的程式碼來實作。但有些情況下，以遞迴程式碼實作遞推觀念，或者相反，以遞推程式碼實作遞迴觀念，同樣也帶來巨大的價值。先用下表簡要描述一下，然後逐一討論：

編號	方案	特點
1	以遞推程式碼實作遞推觀念	中規中矩，利用迴圈語句，有時候會加入佇列（queue）
2	以遞迴程式碼實作遞推觀念	自上而下的遞迴程式碼，可以簡化程式碼
3	以遞迴程式碼實作遞迴觀念	順理成章，方法呼叫自己；自下而上，結果對齊
4	以遞推程式碼實作遞迴觀念	利用迴圈語句加上堆疊（stack）資料結構，避免呼叫堆疊的溢出

接下來逐一討論這四種實作方法，以及它們的特點。

準備一棵樹

討論遞推觀念與遞迴觀念的程式碼實作時，沒有什麼比「爬樹」來得更有意思！「爬樹」指的是當手裡有一棵二元樹（binary tree）或者多元樹（multi-children tree）時，針對這棵樹上的資料進行處理、取得想要的結果的過程。結果可能是樹上的某個極值（最大值、最小值等），或者是樹上的某個統計值（元素的和、葉子的個數等），還有可能是樹的某個特性（樹的高度、根到各個葉子的路徑等）。現在要做的，是找到一棵二元樹的全部路徑和（注：樹的路徑，是指從根節點到葉子節點的有序節點集合。自然，路徑和就是路徑上所有節點 val 值的和）。

若想爬樹的話，前提是得有一棵樹，所以，得先準備一棵二元樹。首先請留意，樹（tree）資料結構其實是圖（graph）資料結構的一個「簡化版」，因此，所有可用來建立和表示圖的方法，都能用來建立和表示樹──但利用 map、二維陣列等「重量級」、複雜的資料結構實作一棵結構簡單的二元樹，未免會給人一種勞師動眾、小題大做的感覺。這裡，直接定義樹的節點類別：

```
public class Node {
    public int val;
    public Node left;
    public Node right;

    public Node(int val) {
        this.val = val;
    }
}
```

本類別有三個欄位（field），分別代表節點的值、左孩子和右孩子。其中還有一個建構子，以便在建立實例的時候，直接指派 val 欄位的值。

問題來了：如果給定一個已經排好順序的整數類型陣列（如 int[] arr = {1, 2, 3, 4, 5, 6, 7};），如何把它轉換成一棵平衡的（balanced）二元搜尋樹（binary search tree, BST）呢？

如果一時不知道怎麼做，或者不打算在進入正題之前就浪費過多精力，沒關係，首先知道這棵樹建構出來的樣子即可，然後就可以直接跳過本節的內容，直接閱讀下一節：

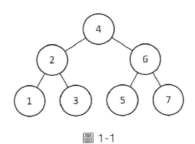

圖 1-1

其實很簡單！這樣寫就對了：

```java
public class Main {
    public static void main(String[] args) {
        int[] arr = {1, 2, 3, 4, 5, 6, 7};
        var root = buildTree(arr, 0, arr.length - 1);
    }

    public static Node buildTree(int[] arr, int li, int hi) {
        if (li > hi) return null; // 越界代償
        var mi = li + (hi - li) / 2;
        var leftSubtreeRoot = buildTree(arr, li, mi - 1);
        var rightSubtreeRoot = buildTree(arr, mi + 1, hi);
```

```
        var root = new Node(arr[mi]);
        root.left = leftSubtreeRoot;
        root.right = rightSubtreeRoot;
        return root;
    }
}
```

　　這段程式碼無論從觀念上還是實作上，都是利用標準的「自下而上」式的遞迴──找到陣列某一段的中點，取中點左邊的子段建構左子樹，取中點右邊的子段建構右子樹；等到左右兩個子樹都完成，再利用中點值建構根節點、組裝左右兩個子樹，然後返回目前這棵樹的根節點。因為中點左右兩邊子段的長度相差不會超過 1，所以建構出來的一定是平衡的樹。此外，由於陣列已排好順序，因此左子樹上的節點一定都比中點值小，而右子樹上的節點一定都比中點值大，滿足了二元搜尋樹的定義。（注：程式碼中的 li、hi、mi 分別是 low index、high index 和 middle index 的縮寫。名正則言順，言簡則意賅。）

　　上述程式碼之所以略顯囉嗦，是因為刻意要突出「先建構底層子樹、再建構上層根節點」這種「自下而上」的順序。一旦理解此觀念後，稍加變通，就能夠簡化這段程式碼：

```
public static Node buildTree(int[] arr, int li, int hi) {
    if (li > hi) return null;
    var mi = li + (hi - li) / 2;
    var root = new Node(arr[mi]);
    root.left = buildTree(arr, li, mi - 1);
    root.right = buildTree(arr, mi + 1, hi);
    return root;
}
```

請注意，儘管這裡先建立根節點的實例，但是並沒有改變「直到兩個子樹都建構完成，目前這棵樹才算建構完成」的事實，所以，它仍然是一個「自下而上」的遞迴演算法。後面的程式碼將更多地採用這種簡化後的形式。

以遞推程式碼實作遞推觀念

求路徑和的時候，當然可以先找出路徑再求和，但這不是最佳的方法，因為此舉會消耗許多記憶體儲存路徑。實際上，只需要將用來儲存路徑和的累加器，像「接力棒」一樣一級一級傳遞下去，傳到路徑的盡頭時，便找到了路徑和。

以遞推觀念求樹的路徑和，基本想法是：根到目前節點父節點的不完全路徑和，加上目前節點的值，就是根到目前節點的路徑和。如果目前節點沒有子級節點，表示這個路徑和是完整的，否則就把目前的不完全路徑和，繼續向子級節點推進下去。因為二元樹上子級節點有可能是兩個，所以，向子級推進的時候有可能產生多個路徑和。將前述遞推觀念，以遞推式的程式碼實作出來，就是這樣：

```
public static List<Integer> getPathSums(Node root) {
    var sums = new ArrayList<Integer>();
    var sumQ = new LinkedList<Integer>(); //儲存到父級節點的不完全路徑和
    var nodeQ = new LinkedList<Node>();
    sumQ.offer(0);
    nodeQ.offer(root);

    while (!nodeQ.isEmpty()) {
        var curNode = nodeQ.poll();
        if (curNode == null) continue;
        var curSum = curNode.val + sumQ.poll();
        if (curNode.left == null && curNode.right == null)
            sums.add(curSum);
```

```
      sumQ.offer(curSum);
      nodeQ.offer(curNode.left);
      sumQ.offer(curSum);
      nodeQ.offer(curNode.right);
   }

   return sums;
}
```

　　在個人看來，寫程式就像下棋，最終寫出來的程式碼便是棋譜。「複盤」對於學習下棋十分重要，其中可以學習到，這一步為什麼要這麼而不那麼走，如果換另一種走法又會有什麼樣的效果。學寫程式也一樣，需要經常對看到或者自己寫的程式碼進行「複盤」，看看哪裡值得學習、哪裡暗藏玄機、哪裡值得打磨等等。以上面這段程式碼來說，撰寫時做了很多取捨。例如，盡可能用 var 關鍵字宣告變數以精簡程式碼，但在遇到 Queue<Node> nodeQ = new LinkedList<>(); 這種運算式的時候，就會損失一些（多態的）清晰性（只能寄望於讀者「他們是深諳多態的」）。再如，沒有在把節點放入佇列前，判斷它是否為 null，而是利用 LinkedList<E> 允許元素為 null 值的特性，在將元素取出佇列時使用 if (curNode == null) continue; 加以代償（注：這種寫法既可視為「犀利」，也可視為「粗野」──禪也一樣，例如「當頭棒喝」）。

　　另外，因為 Java 目前還不支援 tuple 類型，所以這裡使用兩個同步的 Queue<E>，一個存放目前的節點，另一個儲存目前節點之前的父級不完全路徑和。如果非要使用一個 Queue<E> 而不是兩個，那麼便可宣告一個類別：

```
public class Binder {
   public Node curNode;
   public int parentSum;
```

```
    public Binder(Node curNode, int parentSum) {
        this.curNode = curNode;
        this.parentSum = parentSum;
    }
}
```

透過這個類別，便可完成節點與其父級不完全路徑和的一對一綁定。不過，如此一來，程式碼就多了些依賴、少了些禪意。或者，可以改用一個 Map<K,V> 儲存此節點與不完全路徑和的關聯。這段程式碼值得一試，未來很多時候頗為有用：

```
public static Map<Node, Integer> getPathSums(Node root) {
    var sums = new HashMap<Node, Integer>();
    var nodeQ = new LinkedList<Node>();
    sums.put(root, root.val); // 綁定節點與到目前節點的路徑和
    nodeQ.offer(root);

    while (!nodeQ.isEmpty()) {
        var curNode = nodeQ.poll();
        var curSum = sums.get(curNode);

        // 去掉不完全路徑和
        if (curNode.left != null || curNode.right != null)
            sums.remove(curNode);

        if (curNode.left != null) {
            nodeQ.offer(curNode.left);
            sums.put(curNode.left, curSum + curNode.left.val);
        }

        if (curNode.right != null) {
            nodeQ.offer(curNode.right);
```

```
        sums.put(curNode.right, curSum + curNode.right.val);
     }
   }

   return sums;
}
```

如此一來，一個小的好處是只用到一個 Queue<E>；而一個大的好處，就是有機會儲存根到任意一個節點的完全 / 不完全路徑和。顯然，作為取捨，Map<K,V> 遠比 Queue<E> 要厚重和複雜。

如果修改這段程式碼，保留不完全路徑和，然後依此呼叫這個方法：

```java
public static void main(String[] args) {
   int[] arr = {1, 2, 3, 4, 5, 6, 7};
   var root = buildTree(arr, 0, arr.length - 1);
   var sums = getPathSums(root);
   for (var node : sums.keySet())
      System.out.printf("Root to %d: %d\n", node.val, sums.
                                                  get(node));
}
```

輸出結果如下：

```
Root to 3: 9
Root to 1: 7
Root to 2: 6
Root to 4: 4
Root to 6: 10
Root to 5: 15
Root to 7: 17
```

　　請理解,為了讓實作演算法的函數看上去更「純粹」,文內刻意省去一些「工程性」的程式碼——例如傳入值的合法性校驗、異常的處理、套件的匯入等。請在面試與工作中把它們加回去,以免給自己帶來不必要的麻煩。很多時候,為了節省篇幅以及減少縮排,會將在上下文中十分明確的類別程式碼移除,直接列出其成員函數(即方法),相信大家都具備讓程式執行起來的能力。

以遞迴程式碼實作遞推觀念

　　只要保留這種「將半成品結果不斷向下、層層傳遞」的(遞推)觀念,就算使用的是遞迴式的程式碼,最終也一定是正確的結果。例如,可以把程式碼寫成這樣:

```java
public static void getPathSums(Node node, int parentSum,
                                        List<Integer> sums) {
    if (node == null) return;
    var curSum = node.val + parentSum;
    if (node.left == null && node.right == null)
        sums.add(curSum);
    getPathSums(node.left, curSum, sums); //將「半成品」結果向左下傳遞
    getPathSums(node.right, curSum, sums);//將「半成品」結果向右下傳遞
}
```

　　接著呼叫:

```java
public static void main(String[] args) {
    int[] arr = {1, 2, 3, 4, 5, 6, 7};
    var root = buildTree(arr, 0, arr.length - 1);
    var sums = new ArrayList<Integer>(); // 準備用來收集結果的容器
    getPathSums(root, 0, sums);
```

```
    System.out.println(sums);
}
```

則可看到結果：

```
[7, 9, 15, 17]
```

原本 16 行（有效邏輯）的程式碼，現在只剩下 6 行！「向下傳遞半成品結果」的遞推觀念並沒有變，變的只是完成任務的方法。這些方法本質上是哪裡不同呢？有個形象的比喻：假設需要在一塊電路板焊上 10 塊一模一樣的晶片（正如記憶體條狀那般），電路板的材質限制每次只能焊一塊晶片上去，然後需要冷卻一會兒，才能再焊下一塊。這時候應該怎麼辦，才能把產能發揮到最大？當然是建構一條加工流水線！有兩種建構流水線的方法：

（1）只需要一台焊機，加上一條環形的傳送帶，每焊上一塊晶片，就把電路板放到傳送帶，等它轉一圈回來，再焊下一塊，直到把 10 塊晶片都焊完。

（2）準備 10 台焊機，在每台焊機之間連上傳送帶。這樣一來，把一塊空的電路板放到流水線，等它從另一頭出來的時候，10 塊晶片就都焊上了。

程式（或者說演算法）本質上就是資料加工的流水線。第一種流水線的思路，就是以遞推程式碼實作遞推觀念；第二種則是以遞迴程式碼實作遞推觀念（注：函數的每一次呼叫，都會在呼叫堆疊建立新的內容，正如購置一台新的焊機一樣）。相較於焊晶片的流水線而言，資料加工流水線要更「靈動」一些：例如，程式碼不是用長度來判斷路徑是否到頭，而是透過探測節點的左右兩個孩子是不是都為 null 來判斷；而且，樹上的每個節點都是一個「分叉點」，這時候，路徑和的中間結果還會像有「分身術」一樣，分別向左右兩個孩子節點傳遞！（注：未來在處理多路樹或者圖的時候，「分身術」的過程將使用一個迴圈語句，

加上迭代子級節點的集合來完成——也就是新手常說的「遞迴裡套著迴圈」。由此可見，遞迴程式碼並不排斥迴圈，是否為遞迴程式碼，基本上是要看函數有沒有直接或間接地呼叫自己。）

繪製一棵樹的時候往往是根在上、葉在下（呃……這裡是說資料結構的樹，不是路邊或森林裡的樹），上面這段程式碼在傳遞結果的時候，會讓人在腦海裡產生一種「自根進、從葉出，呈扇面狀自上向下展開」的感覺。所以，這種遞迴程式碼又稱為「自上而下式的遞迴」。請注意，「自上而下的遞迴」說的是程式碼，不是觀念。

有趣的是，一旦掌握這種「自上而下」的遞迴程式碼，並依此解決問題的時候，無論要處理的資料結構是一維、橫向書寫，還是像圖那樣不分上下前後，大腦都會自然而然地找到那種「自上而下」逐步細化的感覺——通常不會說「自前而後」或者「自左而右」的遞迴。這大概跟我們從接觸書寫和繪圖開始，就習慣了從上到下使用紙張有關。

值得一提的是，「自上而下」的遞迴畢竟是在實作遞推的觀念，所以，在編寫遞迴程式碼時，壓根就不在乎它的「迴」——因此這個函數連返回值都沒有。只管一路「遞」下去，結果從另一頭出來就行。在後面的小節會看到，返回值在完整的遞迴式程式碼中至關重要。

以遞迴程式碼實作遞迴觀念

既然「自上而下」的遞迴程式碼仍然是在實作遞推的觀念，那麼真正的遞迴觀念又是什麼樣子呢？真正的遞迴觀念體現在「迴」字上——亦即在某個遞迴的層級上，等待全部子級別的結果產生出來，並將所有收集到的子級結果進行「碰撞」（包括取捨、融合等處理），然後把產生的新結果繼續向上傳遞。對於某一級遞迴來說，無論其子級有多深，匯集上來的結果都會在這一級別「對齊」。

如果用遞迴式的程式碼如實地反映出遞迴式的觀念，將是這樣：

```java
public static List<Integer> collectSums(Node node) {
    var sums = new ArrayList<Integer>();
    if (node == null) return sums;          // 越界代價，一個空的list
    sums.addAll(collectSums(node.left));
    sums.addAll(collectSums(node.right));
    for (int i = 0; i < sums.size(); i++)
        sums.set(i, sums.get(i) + node.val);
    if (sums.isEmpty()) sums.add(node.val);  // 左右孩子均為null
    return sums;
}
```

如程式碼所示——這次倚重的是遞迴函數的返回值——在任何一級的遞迴呼叫中，都是先將葉子到這一級之前的所有不完全路徑和收集上來（無論以目前節點為根的子樹的葉子們是多麼深淺不一！），然後逐一累加目前節點的值，再把新產生的路徑和返回呼叫者（函數之所以執行，一定是有呼叫者）。這種實作是先收集底層結果再運算目前結果（然後向上返回），因此稱這種遞迴式程式碼為「自下而上」式的遞迴。

在保持觀念和實作不變的前提下，工作中可能更偏愛這種寫法，因為它同時完成了累加路徑和，以及對列表增加元素，只是它的「自下而上」對初學者來說有點隱晦罷了：

```java
public static List<Integer> collectSums(Node node) {
    var sums = new ArrayList<Integer>();
    if (node == null) return sums;          // 越界代價，一個空的list
    for (var sum : collectSums(node.left))
        sums.add(sum + node.val);
    for (var sum : collectSums(node.right))
```

```
        sums.add(sum + node.val);
    if (sums.isEmpty()) sums.add(node.val); // 左右孩子均為null
    return sums;
}
```

「好」的遞迴與「壞」的遞迴

　　觀察前面三種求樹上路徑和的程式碼，不難發現，遞迴程式碼要比遞推程式碼簡短很多——這也是為什麼很多人，推崇在面試或競賽中採用遞迴程式碼的原因。但在軟體工程裡，例如筆者所在的工作組，就禁止在專案程式碼中使用遞迴。為什麼？因為遞迴有一個「先天不足」，稍有不慎就會造成遞迴呼叫無法適時停止，進而導致呼叫堆疊溢出（call stack overflow）異常。更嚴重的是，這個異常無法被捕捉與處理，也就是說，一旦出現此異常，整個程式就會崩潰。在一些關鍵的地方，程式當掉帶來的災難是難以想像的。

　　如果刻意去除一個遞迴呼叫的停止機制，便有機會探知執行此程式的電腦有多深的呼叫堆疊（call stack）。例如，在個人電腦上執行這段程式碼：

```java
public class CallStackDepth {
    public static void main(String[] args) {
        goDeeper(2);    // main函數在呼叫堆疊上是第1層
    }

    public static void goDeeper(int level) {
        // if (level == 10000) return; // 刻意移除停止機制
        System.out.println(level);
        goDeeper(level + 1);
    }
}
```

輸出視窗在出現 20175 之後，就是一連串 java.lang.StackOverflowError 異常訊息。即便加上異常處理機制也沒用，仍然會發生由呼叫堆疊溢出所導致的程式崩潰：

```
public class CallStackDepth {
    public static void main(String[] args) {
        try {
            goDeeper(2); // main函數在呼叫堆疊上是第1層
        } catch (Exception ex) {
            System.out.println("stack overflow!");
        }
    }

    public static void goDeeper(int level) {
        // if (level == 10000) return; // 刻意移除停止機制
        System.out.println(level);
        try {
            goDeeper(level + 1);
        } catch (Exception ex) {
            System.out.println("stack overflow!");
        }
    }
}
```

請注意，20175 並不是一個固定的數字，在不同的電腦、不同的作業系統，甚至是多次的執行中，這個數值都有可能會變，但變化不會太大。總之，如果一個遞迴呼叫不能適時地停下來（一般是因為沒有或者邏輯上錯過了停止機制），程式一定會崩潰。因此才說，一個過深的遞迴呼叫是「壞」的遞迴。這也是為什麼在使用遞迴程式碼解決問題時，一定要關注待處理的資料規模和處理方式，檢查看看是否為一個過深的遞迴。

　　舉個例子，回到最開始以遞迴式程式碼求陣列和的演算法，稍微做一點改動，把需要求和的陣列長度從 6 擴展為 25000，並把每個元素都填成 1：

```java
public class Main {
    public static void main(String[] args) {
        int[] arr = new int[25000]; // 比較大的資料規模
        Arrays.fill(arr, 1);
        int sum1 = sum(arr);
        System.out.println(sum1);
        int sum2 = sumToEnd(arr, 0);
        System.out.println(sum2);
    }

    // recurrent，遞推的
    public static int sum(int[] arr) {
        var sum = 0;
        for (var n : arr) sum += n;
        return sum;
    }

    // recursive，遞迴的
    public static int sumToEnd(int[] arr, int cur) {
        if (cur == arr.length) return 0;
        return arr[cur] + sumToEnd(arr, cur + 1);
    }
}
```

　　執行程式，會看到在 25000 之後跟著一長串的 java.lang.StackOverflowError 訊息。25000 是由遞推式程式碼求出的，因為它只是在 main 函數這層呼叫堆疊上進行累加操作，不會導致呼叫堆疊出問題。而底下的 sumToEnd 遞迴程式這次則成為「麻煩製造者」（trouble maker）── 25000 超出程式在這台電腦執行

時呼叫堆疊的最大允許深度，所以，儘管該函數擁有正確的停止機制，但程式還沒來得及觸及停止機制便已崩潰。

　　面對這種情況，應該怎麼辦呢？有兩種辦法把「壞」的遞迴變成好的遞迴！一種是工程方面——利用編譯器對「尾遞迴」最佳化（tail-call optimization, TCO）；一種是演算法方面——最佳化演算法，把遞迴的深度控制在安全範圍內。

　　先看第一種方法——尾遞迴最佳化。所謂「尾遞迴」（tail recursion），顧名思義就是遞迴呼叫發生於函數的最後，而且必須是單純的遞迴呼叫，不能再有其他任何的運算。像上面的程式碼「return arr[cur] + sumToEnd(arr, cur + 1);」就不是尾遞迴，因為程式碼還包含除了遞迴呼叫外的一個加法運算。此外，如果熟悉 Fibonacci 數列的遞迴式實作，那麼應該會意識到它的最後一句—— return fibonacci(n - 1) + fibonacci(n - 2); 也不是尾遞迴，因為除了遞迴呼叫之外，它還包含一個加法運算。

　　因此，怎樣才能寫出一個尾遞迴呢？就這個計算陣列和的例子而言，前面它採用的是「自下而上」的遞迴實作，如果把它改成「自上而下」的遞迴（實作的是遞推的觀念），就能得到一個尾遞迴了：

```
public class TailRecursion {
    private static int sum; // 外部累加器

    public static void main(String[] args) {
        int[] arr = new int[25000];
        Arrays.fill(arr, 1);
        sumNext(arr, 0);
        System.out.println(sum);
    }

    public static void sumNext(int[] arr, int i) {
```

```
        if (i == arr.length) return;
        sum += arr[i];
        sumNext(arr, i + 1); // 尾遞迴
    }

    public static int fibonacci(int n) {
        if (n <= 0) return 0;
        return fibonacci(n - 1) + fibonacci(n - 2); // 不是尾遞迴
    }
}
```

　　執行程式碼，呃……仍然會得到一長串 java.lang.StackOverflowError 異常訊息！難道是哪裡做錯了？並沒有。只是 Java 的編譯器目前還不支援對尾遞迴的最佳化（即 TCO）。但請注意，雖然 Java 編譯器不支援 TCO，但 Java 的執行環境——即 Java 虛擬機器（Java Virtual Machine，JVM）倒是支援尾遞迴的最佳化！並且，同樣是執行於 JVM 的另一門編譯語言—— Scala，它的編譯器就支援識別與最佳化尾遞迴。因此，現在把同樣的演算法邏輯翻譯成 Scala 語言的程式碼：

```
import scala.annotation.tailrec

object Program {
    var sum: Int = 0

    def main(args: Array[String]): Unit = {
        var arr = Array.fill[Int](250000)(1)
        sumNext(arr, 0)
        print(sum)
    }

    @tailrec
```

```
def sumNext(arr: Array[Int], i: Int): Any = {
    if (i == arr.length) return;
    sum += arr(i)
    sumNext(arr, i + 1);
}

def fibonacci(n: Int): Int = {
    if (n <= 0) return 0
    return fibonacci(n - 1) + fibonacci(n - 2)
}
}
```

　　執行程式碼，就能看到 250000 的輸出。請注意，是 250000，比在 Java 還多了一個 0 呢！Scala 程式碼的 @tailrec 並沒有最佳化作用，只是幫忙校驗一個遞迴函數是不是符合尾遞迴的要求。如果嘗試把 @tailrec 加到 fibonacci 函數上，編譯器就會報錯。編寫 Scala 程式碼時，只要是一個尾遞迴函數，那麼 Scala 編譯器便會自動最佳化。至於它是怎麼最佳化？這是一個進階話題，超出本書的討論範圍。不過，尾遞迴經過最佳化的效果就是——它不像普通遞迴函數那般不斷消耗呼叫堆疊，所以，也不會再出現呼叫堆疊溢出的異常。希望 Java（和其他幾種常用的程式語言）早日實作對尾遞迴的內建支援。

　　既然 Java 尚不支援尾遞迴的最佳化，那麼只能透過調整演算法，把「壞」遞迴轉變成「好」遞迴。說來簡單，同樣是對一個整數類型陣列求和，同樣是「自下而上」的遞迴實作（實作的是遞迴觀念），下面兩個版本的程式碼就不會發生呼叫堆疊溢出。

　　版本一：這個版本的觀念是——陣列任意子段的和，是這個子段左半部分的和，加上右半部分和之和。遞迴的停止條件，則是由 li 和 hi 所界定的子段長度為 1，此時 li == hi。

```
public static int sum(int[] arr, int li, int hi) {
    if (li == hi) return arr[li];
    int mi = li + (hi - li) / 2;
    return sum(arr, li, mi) + sum(arr, mi + 1, hi);
}
```

版本二：這個版本的觀念是──先取陣列子段中點的元素，然後加上中點左右兩邊的和。遞迴的停止條件，是需要被求和的了段長度為 0，此時 ll > hi（即二者交錯）。

```
public static int sum(int[] arr, int li, int hi) {
    if (li > hi) return 0; // 越界代償
    int mi = li + (hi - li) / 2;
    return arr[mi] + sum(arr, li, mi - 1) + sum(arr, mi + 1, hi);
}
```

這兩個版本的遞迴之所以不會發生呼叫堆疊溢出，是因為它們的遞迴深度實在太淺，遠遠達不到讓呼叫堆疊溢出的量級。它們使用了一個演算法設計當中十分重要的觀念──二分法。亦即針對資料，每次都處理它的一半，然後逐步遞迴。未來準備學習的「分治法」（divide and conquer, D&C），就是建構於「二分法」的基礎之上──先「分」後「治」（處理）嘛。採用「二分法」的遞迴程式碼，為什麼遞迴深度淺？因為就算再大的資料規模，每層都除以 2，除不了幾次就到 0 了。換句話說，應用「二分法」的遞迴，當處理規模為 n 的陣列時，其遞迴深度為 lg(n)。相反的，如果想讓一個「二分法」遞迴函數在個人電腦達到堆疊溢出的呼叫深度，資料的規模至少要達到 2^20000（2 的 20000 次方）──這比整個宇宙的原子數量都大！

以遞推程式碼實作遞迴觀念

「所有的遞迴程式碼都可以改寫成遞推程式碼」──這是一個真命題。道理很簡單，因為可以利用一個堆疊（stack）資料結構模擬函數的呼叫堆疊（call stack）。在某些極端情況下，這種方法十分有用。例如：某個問題一定要用「自下而上」的觀念才能解答（或者是在觀念上順理成章，能被後來的人理解），但由於子問題的深度過大，超出呼叫堆疊的承受能力，此時只能以堆疊資料結構模擬呼叫堆疊──以遞推程式碼實作遞迴觀念了。

建議在心情好或者精力充沛的時候再來讀這一節，因為本節的程式碼比前面三四節加起來還多，而且對程式碼理解能力和程式設計能力有一定的挑戰。此外，這節的內容本來就是在處理一些極端情況。如果沒有充足的精力和體力翻越這座小山，很可能會感覺心浮氣躁，認為本節內容毫無意義甚至廢話連篇。

首先建構一個「非這樣解不可」的問題：一棵高度超過 25000 的二元樹，只能以「自下而上」的遞迴觀念求解它的路徑和。下列程式碼可以協助建構一棵高度為 40001 的二元樹。當然，它肯定不是一棵完全二元樹。相反的，這棵樹稀疏得很──看起來像是一個「眾」字（致英文版譯者：英文版會把這棵樹改成「人」字形，以便翻譯為「A 字形」或者「艾菲爾鐵塔」形。）

```java
public class TreePathSum {
    public static void main(String[] args) {
        // 建構「眾」字形樹，debug時可以先改成2
        var root = buildTree(20000);
    }

    public static Node addChild(Node node, int val, boolean
                                                      toLeft) {
        var child = new Node(val);
```

```
        return toLeft ? (node.left = child) : (node.right = child);
    }

    public static Node buildTree(int n) {
        Node root = new Node(1), p = root, q = root;
        for (int i = 1; i <= n; i++) { // 建構上部的「人」字
            p = addChild(p, 1, true);
            q = addChild(q, 1, false);
        }


        Node pp = p, qq = q;
        for (int i = 1; i <= n; i++) { // 建構底部的兩個「人」字
            p = addChild(p, 1, true);
            pp = addChild(pp, 1, false);
            q = addChild(q, 1, false);
            qq = addChild(qq, 1, true);
        }


        return root;
    }
}
```

　　之後，為了模擬函數呼叫堆疊上的「堆疊幀」（stack frame），需要建立下面的 Frame 類別。呼叫函數時，每層呼叫都會在呼叫堆疊產生一「幀」資料，這幀資料其實也沒有什麼神秘之處，就是由函數的參數和區域變數所組成。連堆疊幀一起模擬的好處，就是避免使用一大堆 Map<K,V> 實例進行各變數之間的協作。

```
public class Frame {
    public Node node;
    public int count;
    public List<Integer> sums;
```

```
   public Frame(Node node) {
      this.node = node;
      sums = new ArrayList<>();
   }
}
```

接著便是這節的核心程式碼——透過使用堆疊資料結構模擬函數呼叫堆疊，
以便把遞迴程式碼「硬」轉成遞推程式碼（注意：「自下而上」的遞迴觀念並沒
有改變）：

```
public static List<Integer> getPathSums(Node root) {
   var stack = new Stack<Frame>();
   var primer = new Frame(root);
   stack.push(primer);
   while (true) {
      var top = stack.peek();
      if (top.node == null) {
         stack.pop(); // 越界代價
         stack.peek().count++;
      } else if (top.count == 0) {
         stack.push(new Frame(top.node.left));
      } else if (top.count == 1) {
         stack.push(new Frame(top.node.right));
      } else if (top.count == 2) { // 這裡的if可省略
         var popped = stack.pop();
         if (popped.sums.isEmpty()) // 葉子
            popped.sums.add(popped.node.val);
         if (stack.isEmpty()) break;
            top = stack.peek();
         for (var sum : popped.sums)
```

```
            top.sums.add(sum + top.node.val);
        top.count++;
    }
  }

  return primer.sums;
}
```

　　這裡不想過多解釋上述程式碼，因為它的自我描述性已經相當好（況且也沒人見過哪個禪宗師父像郭德綱一樣，把整個《六祖壇經》或者《傳燈錄》叨叨一遍）。程式碼的「點睛之筆」是 count 計數器，計數器的取值範圍是 0、1 和 2：

- 當 count 為 0，說明這一幀包含的節點未被處理，此時要去處理它的左子樹。
- 當 count 為 1，說明堆疊幀裡節點的左子樹上，已經收集上來「自下而上」的不完全路徑和，此時要去處理它的右子樹。
- 當 count 為 2，說明堆疊幀裡節點的右子樹上，已經收集上來「自下而上」的不完全路徑和，此時表示這一幀就算處理完成，需要從堆疊上彈出去。當堆疊彈空的時候，整棵樹便處理完了。

執行程式碼：

```
public static void main(String[] args) {
  // 建構「眾」字形樹，debug時可以先改成2
  var root = buildTree(20000);
  var sums = getPathSums(root);
  System.out.println(sums);
}
```

得到輸出結果：

```
[40001, 40001, 40001, 40001]
```

怎麼説呢！當時研究這段程式碼的心境，就像開車在城市的大街小巷中穿梭一樣輕鬆愉悅——並不是有什麼目的才去，而是把探索用在平時，以免關鍵時刻要去的地方明明就在隔壁，卻硬生生繞了個大老遠。

留個作業：現在已經知道，所有的遞迴程式碼都可以透過堆疊資料結構，模擬函數呼叫堆疊的方式轉換成遞推程式碼。那麼，能夠用這種方式把「自上而下」的遞迴程式碼，轉換為遞推程式碼嗎（儘管已經有了使用 Queue<E> 加迴圈語句的遞推程式碼）？

思考題

問題 1：給定一個整數 n，如果 n 是奇數，就進行運算 n = n * 3 + 1；如果 n 是偶數，便進行運算 n = n / 2，直到 n 等於 1 為止。請計數一共進行多少次運算（注：請用四種設計方式實作，並評判四種方法的優缺點）。

問題 2：基於上面的問題，如果找出從 1 到 10000 中，哪個數字所需的運算次數最多，應該如何編寫程式碼（注：特別要注意如何避免重複運算）？

實作回溯：
上古神話中的演算法

　　這一章不談觀念只講實作，而且只談遞迴程式碼的一種實作方式──回溯（backtracking）。上一章已詳細討論「自上而下」和「自下而上」的遞迴用法，回溯可以算是遞迴的第三種重要用法。回溯式遞迴的要義，在於它的函數體一定有一對「修改─恢復」操作── 進入函數時執行資料的修改操作，退出函數時則執行資料的恢復操作──這樣當一次呼叫完成之後，資料便與其初始狀態一致。

2.1 回溯式遞迴的基本原理

在保證不溢出的前提下，於累加器上進行加 1、加 2、加 3……直到加 100，再減 100、減 99、減 98……直到減 1，累加器便會回到初始值。同理，對一個堆疊（stack）連續進行 n 次 push 操作，再連續進行 n 次 pop 操作，這個堆疊也會回到操作前的狀態。所以，一個很淺顯的道理就是：對某個資料進行 n 次修改操作（$A_1 \cdots A_n$），然後再按照相反順序執行每個修改操作的逆操作（$\sim A_n \cdots \sim A_1$），則該資料便會回到未操作之前的初始狀態。

如果設計一個遞迴函數：進入函數時對狀態資料（本例中的 stack）進行修改，然後遞迴呼叫，再於退出函數之前恢復狀態資料。那麼，針對狀態資料的操作，就正好符合前面的描述，遞迴函數呼叫完成後，狀態資料便回到函數呼叫前的狀態。道理很簡單，只要函數能正常返回，那麼對狀態資料的「修改—恢復」操作就一定是成對且逆序——此即為回溯式遞迴的基本原理。被操作的資料可以是函數之外的外部資料（例如一個欄位），或者是一個透過參數傳遞的物件。

範例 1

首先看這組程式碼：

```java
public class Main {
    public static void main(String[] args) {
        var stack = new Stack<Integer>();
        System.out.printf("Stack size: %d\n", stack.size());
        System.out.println("============");
        action(98, 100, stack);
        System.out.println("============");
        System.out.printf("Stack size: %d\n", stack.size());
```

```
    }

    public static void action(int n, int max, Stack<Integer> stack) {
        stack.push(n); // 修改
        System.out.printf("Pushed\t%d\n", n);
        if (n < max) action(n + 1, max, stack);// 有條件遞迴（且返回）
        stack.pop(); // 恢復
        System.out.printf("Popped\t%d\n", n);
    }
}
```

執行程式，輸出視窗可以看到：

```
Stack size: 0
=============
Pushed 98
Pushed 99
Pushed 100
Popped 100
Popped 99
Popped 98
=============
Stack size: 0
```

這段程式碼需要關注下列幾點：

（1）用於記錄狀態的資料是一個 Stack<E> 實例，該實例是透過參數進行傳遞。

（2）函數呼叫前和呼叫後，Stack<E> 實例的狀態一致，都是空的。

（3）push 與 pop 這對「修改—恢復」操作，的確是成對且逆序執行。

（4）遞迴函數的內部結構是：修改 ->（有條件的）遞迴呼叫，且返回 -> 恢復。

（5）遞迴呼叫是有條件、可能不會執行的，但修改與恢復一定會對稱執行。

如果採用「防禦式程式設計」（defensive programming）的理念改動程式碼，那麼 action 函數還可以寫成這樣：

```java
public static void action(int n, int max, Stack<Integer> stack) {
    if (n > max) return; // 防禦（遞迴終止條件）
    stack.push(n); // 修改
    System.out.printf("Pushed\t%d\n", n);
    action(n + 1, max, stack); // 無條件遞迴（且返回）
    stack.pop(); // 恢復
    System.out.printf("Popped\t%d\n", n);
}
```

呼叫函數，輸出結果不變。這樣寫的好處是：「修改—遞迴—恢復」這段夾心餅乾式的程式碼比較幹練、簡短。但同時也犧牲了一點邏輯的清晰性（允許「不合時宜」的資料進入下一層，但什麼也不做，馬上返回），以及程式碼的對稱之美。這兩種寫法在不同的上下文中各有好處，不拘一格。

範例 2

在這個例子中，狀態資料變成一個 boolean[][] 類型的二維陣列，且在遞迴層級前傳遞這個狀態資料的變數，也由函數的參數改成一個獨立於函數之外的欄位：

```java
public class Main {
    private static boolean[][] visited;
```

```java
public static void main(String[] args) {
    visited = new boolean[2][3]; // 2列3行
    System.out.printf("Visited: %d\n", count(visited));
    System.out.println("============");
    visit(0);
    System.out.println("============");
    System.out.printf("Visited: %d\n", count(visited));
}

public static void visit(int n) {
    int h = visited.length, w = visited[0].length;
    if (n == h * w) return; // 防禦
    int r = n / w, c = n % w;
    visited[r][c] = true; // 修改
    System.out.printf("Visited (%d,%d)\n", r, c);
    visit(n + 1); // 遞迴
    visited[r][c] = false; // 恢復
    System.out.printf("Erased (%d,%d)\n", r, c);
}

public static int count(boolean[][] m) {
    var count = 0;
    for (var r = 0; r < m.length; r++)
        for (var c = 0; c < m[0].length; c++)
            if (m[r][c]) count++;
    return count;
}
}
```

　　程式碼的邏輯是：逐行掃描二維陣列的每個元素，一旦掃描後就把它標記為 true（即已被存取）；直到退出函數的時候，再把這層呼叫訪問過的元素恢復為

false（即未被存取狀態）。未來，應該會經常用到像這樣利用一個 boolean[][] 類型外部變數，用以記錄資料存取狀態的邏輯。

執行程式碼，便可看到下列輸出。由此得知，boolean[][] 實例在函數呼叫前後是一樣的狀態：

```
Visited: 0
============
Visited (0,0)
Visited (0,1)
Visited (0,2)
Visited (1,0)
Visited (1,1)
Visited (1,2)
Erased (1,2)
Erased (1,1)
Erased (1,0)
Erased (0,2)
Erased (0,1)
Erased (0,0)
============
Visited: 0
```

2.2 神話故事中的演算法

前一節學到的僅僅是回溯式遞迴呼叫的基礎，尚不是利用完整的回溯式遞迴解決實際問題。那麼什麼是完整的回溯式遞迴？回溯式遞迴又能解決什麼樣的實際問題呢？這就要從一個上古神話開始說起了。

　　傳說雅典曾有一位英勇的國王名為忒修斯（Theseus），又譯作特修斯、提修斯等。在他的諸多英雄事蹟中有一則名為《米諾斯迷宮之戰》，大意是說：克里特島的國王米諾斯在戰爭中打敗過雅典。作為戰敗國，雅典被要求按期獻祭少男少女，給一個叫米諾陶洛斯的怪物吃掉（看來無論東方還是西方的妖怪，都喜歡吃童男童女！）。輪到第三次獻祭時，忒修斯自告奮勇要去殺死那隻怪物。但這絕不是件容易的事情，因為這頭怪物關在一個複雜的迷宮深處。有多複雜呢？據說進得去就出不來。有意思的是，剛登陸克裡特，米諾斯的女兒阿里阿德涅（Ariadne）就愛上了忒修斯，並且上演了一場精彩絕倫的大戲——進入迷宮之前，阿里阿德涅給了忒修斯一個線團和一把利劍，據說線團和利劍都具有魔力——線團中的線永遠沒有盡頭，而利劍能對怪物一擊必殺。藉由這個線團，忒修斯在迷宮中找到了怪物，然後用利劍予以斬殺，並且沿著絲線往回走（backtracking），領著被獻祭的雅典人逃離了迷宮。（注：其實這個故事還有很多「支線劇情」，十分精彩，許多典故都與其相關。）

　　看！這個故事中，神話英雄就使用回溯的觀念解決迷宮路徑問題。作為智力資產，這個故事也誕生了「阿里阿德涅之線」（Ariadne's thread）這類的邏輯學、哲學成語。有趣的是，儘管幾千年前還沒有電腦這種東西，但「阿里阿德涅之線」（還有她的劍）就已經揭示寫好一個回溯遞迴的兩個要點：

（1）函數呼叫堆疊不能溢出，故事中為了防止呼叫堆疊溢出，直接讓呼叫堆疊的耐受深度無窮大（線團裡的線永無盡頭）。

（2）處理資料時要保證函數能順利結束、退出，於是要求妥善處理所有可能的異常，故事中乾脆提示　——不會出異常（利劍能對怪物一擊必殺）。

　　所以，哲學不愧是哲學！作為數理邏輯的一種，演算法不但能通用於不同的程式語言之間，甚至在不同學科、不同領域、不同文化中，也都是通用的。

　　接下來就來看看如何使用回溯式遞迴，以便編寫尋找迷宮路徑的程式碼。

迷宮設計入門

尋找迷宮的路徑之前，首先扮演迷宮的設計師，設計一個可以用來探尋的迷宮。

假設迷宮的道路都標記著前進方向的箭頭，那麼，按照路徑的複雜程度，迷宮的探索難度大致可以分為四級：

- 0 級難度：路徑根本沒有分支，一頭進、另一頭出。
- 1 級難度：路徑有分支，但在分支之後不會再交叉。
- 2 級難度：路徑有分支，分支會交叉，但不會有環路。
- 3 級難度：路徑有分支，分支會交叉，路徑上還有環路。

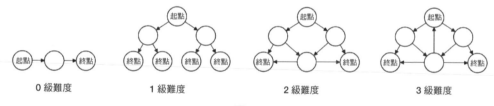

圖 2-1

有人可能會問，如果把路上的方向箭頭擦掉，豈不是又增加一個難度等級？其實，擦掉箭頭意謂著將兩個路口間的單向路，改成了互通的雙向路，相當於這兩個路口間實際上有兩條方向相反、直接構成環路的通道。也就是說，它仍然屬於第 3 級難度。

如果以資料結構表示這四個等級的迷宮，那麼：

- 0 級難度的路徑相當於一個鏈結串列（linked list）。
- 1 級難度的路徑相當於一棵樹（tree），二元或者是多元。
- 2 級難度的路徑是一種相當重要的圖，稱為有向無環圖（Directed Acyclic Graph，DAG）。

■ 3 級難度的路徑則是有環圖或者無向圖。前文解釋過,無向圖天生帶環路,所以不必同時使用「有環」和「無向」兩個詞。

正好手頭有一棵第 1 章建構出來的二元樹,這裡就繼續使用,把它當作迷宮裡的道路。(注:不用第 2、3 級難度的迷宮有三個原因:一是不想用太複雜、太長的程式碼勸退大家;二是不想讓與圖相關的演算法喧賓奪主,畢竟重點是學習回溯式遞迴;三是與圖相關的演算法會在後面的章節詳細討論。)

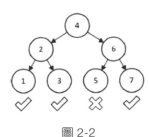

圖 2-2

一般來說,有時候迷宮會有一些「死路」(dead end),所以,為了增加程式碼的趣味性,此處規定只有 val 值是 21 的因數的葉子節點,才是迷宮的出口。

探尋迷宮中的路徑

探索迷宮,有時候是問我們「從 A 點能不能走到 B 點」,這類問題叫「連通性問題」,解答時,只要找到任意一條 A、B 兩點間的路徑就行了;有的時候則是希望找出所有的路徑;或者是找出一條「極端路徑」,例如最短路徑、最長路徑、從 A 點到 B 點開銷最小 / 最大的路徑等。現在要做的,便是找出這個迷宮所有從入口(根節點)到出口(val 值是 21 的因數的葉子)的路徑出來。

應該怎麼撰寫程式碼呢?即使不應用回溯的觀念,前一章的知識也足以協助找出這些路徑——只需把求路徑和的程式碼稍加改動,將遞推和遞迴傳遞的 int 類型的路徑和,改成由 ArrayList<Node> 類型實例表達的路徑即可。四種實作

中，最簡潔的程式碼莫過於「自上而下」的遞迴，如下所示：

```java
public static void findPaths(Node node, List<Node> path,
List<List<Node>> paths) {
    path.add(node);
    if (node.left == null && node.left == null && 21 % node.val == 0)
        paths.add(path);
    if (node.left != null)
        findPaths(node.left, new ArrayList<>(path), paths);//開銷！
    if (node.right != null)
        findPaths(node.right, new ArrayList<>(path), paths);//開銷！
}
```

呼叫程式：

```java
public static void main(String[] args) {
    int[] arr = {1, 2, 3, 4, 5, 6, 7};
    var root = buildTree(arr, 0, arr.length - 1); // 程式碼見第1章
    var paths = new ArrayList<List<Node>>();        // 結果收集器
    findPaths(root, new ArrayList<>(), paths);
    for (var path : paths) {
        var vals = path.stream().map(n -> n.val).
                                collect(Collectors.toList());
        System.out.println(vals);
    }
}
```

得到以下輸出（三條路徑上節點的 val 值，由 Java 的 stream 物件取得）：

```
[4, 2, 1]
[4, 2, 3]
[4, 6, 7]
```

　　本演算法雖然能得到正確的答案，但是有一個比較大的侷限，亦即在向下一層推進時，必須將本層的不完全路徑「克隆」出來兩份，分別向左右兩個孩子傳遞。這樣做有什麼問題？

（1）「克隆」物件是個消耗 CPU 運算與記憶體空間的操作，該演算法相當於在每個節點處，都保留一個從根到它的不完全路徑，這是多大的記憶體開銷！

（2）當於樹上尋找路徑時，尚不用擔心節點的重複存取問題，但如果是在有環的資料結構尋找路徑，那麼，除了要「克隆」不完全路徑外，還要「克隆」伴隨這條不完全路徑的存取記錄（例如一個 HashSet<Node>），以避免節點的重複存取──此時，不但記憶體開銷會更加巨大，連程式碼也會變得很繁瑣。

　　（注：儘管 Java 的 LinkedHashSet<E> 類別可以緩解程式碼繁瑣的問題，但它仍然無法解決記憶體開銷巨大的問題。）

　　其餘的三種實作會不會好一些？答案是：不會。因為無論是從根向葉子遞推，還是從葉子向根遞迴，都不可避免產生很多中間結果，以致於浪費不少的 CPU 和記憶體資源。

　　下面來看看應用回溯原理的遞迴實作：

```java
public static void findPaths(Node node, Stack<Node> path,
                                       List<List<Node>> paths) {
    path.push(node); // 修改
    if (node.left == null && node.left == null && 21 % node.val == 0)
        paths.add(new ArrayList<>(path)); // 僅在得到結果時建立新物件
    if (node.left != null) // 有條件遞迴
        findPaths(node.left, path, paths);
    if (node.right != null) // 有條件遞迴
```

```
        findPaths(node.right, path, paths);
    path.pop();  // 恢復
}
```

這次，一個 Stack<Node> 類型的實例透過參數貫穿遞迴呼叫的始終，正如忒修斯手中的線團。而且，只有找到一個路徑的時候，才會為保存最終結果而建立一個 ArrayList<Node> 實例──只是在不停地重用（reuse）受到回溯原理保護的狀態資料（即 stack 實例）。程式碼中可以清晰地看到「修改 -> 遞迴 -> 恢復」的「夾心餅乾」結構，就算中間夾了兩次遞迴呼叫也沒有關係！因為我們知道，回溯遞迴呼叫退出後，狀態資料一定會恢復到初始值。

新手常見的一個錯誤，是在找到路徑後就立刻 return：

```
public static void findPaths(Node node, Stack<Node> path,
                                         List<List<Node>> paths) {
    path.push(node);
    if (node.left == null && node.left == null && 21 % node.val == 0) {
        paths.add(new ArrayList<>(path));
        return;  // 錯誤！！
    }
    if (node.left != null)
        findPaths(node.left, path, paths);
    if (node.right != null)
        findPaths(node.right, path, paths);
    path.pop();
}
```

請注意！任何夾在「修改」與「恢復」操作之間的跳轉語句（包括 return、throw、goto 等），都會造成「修改」與「恢復」的不對稱，進而打破回溯對狀態資料的維護。

如果引入防禦式程式設計，那麼回溯程式碼會更加清晰：

```
public static void findPaths(Node node, Stack<Node> path,
                                        List<List<Node>> paths) {
    if (node == null) return; // 防禦
    path.push(node); // 修改
    if (node.left == null && node.left == null && 21 % node.val == 0)
        paths.add(new ArrayList<>(path));
    findPaths(node.left, path, paths);  // 遞迴
    findPaths(node.right, path, paths); // 遞迴
    path.pop(); // 恢復
}
```

用遞推（迴圈）程式碼實作回溯

從觀念上來看，回溯更貼近於遞推——只不過推進到盡頭之後，還允許「原路返回」（backtrack）到某個分叉點，向另一個沒有探索過的方向再推進一遍。不過，現在要做的不是以遞推式程式碼（未來會看到，其實是「廣度優先」程式碼）來解決迷宮路徑問題，而是單純地用堆疊資料結構模擬回溯遞迴的呼叫堆疊，以解決回溯遞迴不能處理大規模資料的問題。

本次沒有建立用來模擬呼叫堆疊幀的 Frame 類別，而是單純使用一個 Map<Node,Integer> 標示一個子樹根節點的兩個孩子是不是都處理過了。有趣的是，模擬遞迴呼叫堆疊的堆疊資料結構，本身就是我們想要的路徑：

```
public static List<List<Node>> findPaths(Node root) {
    var paths = new ArrayList<List<Node>>();
    var count = new HashMap<Node, Integer>();
    var path = new Stack<Node>();
```

```
    count.put(root, 0);
    path.push(root);
    while (true) {
        var top = path.peek(); // 取得子樹根節點
        if (count.get(top) == 0) { // 處理左孩子
            if (top.left == null) {
                count.put(top, 1);
            } else {
                path.push(top.left);
                count.put(top.left, 0);
            }
        } else if (count.get(top) == 1) { // 處理右孩子
            if (top.right == null) {
                count.put(top, 2);
            } else {
                path.push(top.right);
                count.put(top.right, 0);
            }
        } else if (count.get(top) == 2) {
            // 兩個孩子都處理過了，處理子樹根節點
            if (top.left == null && top.right == null && 21 % top.
                                                            val == 0)
                paths.add(new ArrayList<>(path));
            path.pop();
            if (path.isEmpty()) break;
            top = path.peek();
            count.put(top, count.get(top) + 1); // 讓計數器加1
        }
    }

    return paths;
}
```

思考題

　　學會如此精巧的回溯演算法，不打算拿來小試牛刀嗎？接著來看這個問題：以一個 h 列 w 行的 int[][] 類型二維陣列實例（由變數 maze 引用，並以逐行掃描的方式，初始化為從 0 到 h×w-1）表示一個迷宮。左上角的 maze[0][0] 是迷宮的入口，右下角的 maze[h-1][w-1] 是迷宮的出口。那麼，問題來了：

（1）如果規定每次只能向右或者向下移動一步，能否利用回溯法找出迷宮的所有路徑？

（2）如果把 maze 的一些值替換成 -1 表示牆壁，應該如何修改程式碼，使其可以繼續工作？

（3）假設電腦最多支援 20000 層的呼叫堆疊，那麼 h 與 w 的取值範圍是多少？

（4）如果向上、下、左、右都可以移動呢？（提示：使用一個相同尺寸的 boolean[][]，在回溯中記錄存取狀態）。此時 h 與 w 的取值範圍是多少？倘若 h 和 w 的值超出範圍，應該怎麼辦？

▶ 演算法洞見：遞推與遞迴

動態規劃：
動機決定性質

　　動態規劃（Dynamic Programming，DP）是一種觀念，説明透過元素間的關係，能在一組資料中找到某個極值（也叫「最佳解」）。觀念（或説方法論），瞭解得越早越好。一來可以即早開始思考，有充足的時間來理解、消化，二來後面要學習的內容有些就是建構於其上，與其到時候在學，搞得手足無措，不如趁早掌握。

　　許多書在很後面才講動態規劃，大致有三個原因：

（1）認為它是「進階演算法」，需要先打好初級演算法的基礎才有用；
（2）認為它比較難理解、難掌握，放在前面怕勸退學生；
（3）認為學習圖（graph）演算法之前，並不需要急著瞭解動態規劃，因為基本上用不到。

在筆者看來，這三條理由都不成立，甚至是本末倒置。首先，動態規劃作為一種解決問題的觀念，不但不以其他演算法為基礎，反而是其他演算法的基礎。是基礎就要先學，手裡多幾件工具總是好的。更重要的是，未來解決問題的時候，非但有機會瞭解某個問題能不能用動態規劃求解，還有機會辨別出哪些問題無法用動態規劃求解。其次，動態規劃根本不難，它只是一種讓子問題的解不斷「碰撞」、在取捨中逐步求出最佳解的過程。這種讓子問題的解不斷碰撞、競爭的過程，既可利用遞推的方式，也能以遞迴的方式實作。

幾乎每本講解演算法的書籍都會提及動態規劃，但水準卻良莠不齊。個人認為講得最好的是由 Kenneth H. Rosen 所著的《離散數學及其應用》（第 7 版，有中文版）—儘管只是用一小節輕輕帶過。真理，往往不需要長篇大論。反而是有些長篇大論，不是把動態規劃講得如霧裡看花、朦朦朧朧，便是說成包羅萬象、無所不能。霧裡看花者，似乎講述者自己都沒太釐清一種觀念與其實作（選擇遞推還是遞迴）之間的關係。例如，有人會拿動態規劃與「分治演算法」進行比較，無形中暗示動態規劃是一種遞迴觀念；有人甚至乾脆將動態規劃與遞迴程式設計畫上等號，以有沒有用遞迴、遞迴時有沒有快取子問題的結果，以界定是不是動態規劃—捨本而逐末，讓人十分錯愕！

請留意，動態規劃觀念（或說演算法）的創立者，本意是使用一種遞推的觀念求最佳解。解法包羅萬象，有多種可能：例如把帶有部分動態規劃設計特點的問題也歸納為動態規劃（泛動態規劃類問題）；再例如，一個問題有動態規劃和非動態規劃的多種解法，結果那些非動態規劃的解法也被訛傳為動態規劃，令人頗為費解……總之，動態規劃本身並不難，只是紛繁蕪雜、真偽莫辨的資訊帶來了些許困擾，導致感覺上有點難而已。

本章從動態規劃的原始意圖和定義開始，抽絲剝繭，利用若干經典問題細細研究它的思考方式與程式設計。同時附上幾個常見的「假動態規劃」問題，以供大家分辨真偽、加深理解和記憶。

3.1 什麼是動態規劃

如果不瞭解起源，那麼「動態規劃」（Dynamic Programming）這個名詞會讓人十分疑惑不解—怎麼算「動態」？ Programming 不是程式設計嗎？為何成了「規劃」？有沒有「靜態規劃」？……

首先確定一點，program 的確有「計畫」、「規劃」的意思，對應到 plan 這個詞。所以，programming 等同於 planning，即「做計畫」、「做規劃」的意思。只是 programming 一詞更正式一些，同時還暗含「過程編排」的意思。因此，中文譯為「動態規劃」沒有問題。

那麼，英文的 Dynamic Programming 又是怎麼來的？這點不用猜，故事是這樣的—它的創始人 Richard Bellman（沒錯，就是 Bellman-Ford 最短路徑演算法的 Bellman）是一位數學家，一九五幾年的時候，他在蘭德公司（RAND，美國著名的情報與分析公司）工作，並且正參與美國軍方的一個專案。據說當時美國國防部對把錢投入數學研究比較反感，所以，為了順利拿到科研經費，Bellman 決定給研究取一個與數學無關，而與調度和規劃相關的名字。同時，他還在「規劃」這個名詞前面加上一個「絕對不可能有貶義」的形容詞—動態。於是，「動態規劃」一詞就誕生了。所以，不要試圖對「動態」這個詞追根究柢，因為它本來就是唬弄人的！

那麼，動態規劃到底是用來解決什麼樣的問題、怎麼解決呢？它所解決的是在眾多的可能性中，按照規定的價值取向，選出最佳方案的問題。解決辦法是，將最終的「大問題」化整為零，先處理小問題，讓每個小問題都獲得最佳方案，然後基於這些小問題的最佳方案，「自下而上」地建構出最終問題的最佳方案。當然，建構的過程中，會對小問題的最佳方案（依規定的價值取向）進行平衡和取捨。使用動態規劃的好處，就是可以儘早捨棄一些肯定不夠最佳化的小問題的

方案，不讓它們進到後面的方案組合中—於是比「窮舉法」（嘗試每個可能方案的組合）要快多了。

舉個例子。身為一艘貨櫃貨輪的船主，在出海之前，當然希望貨櫃裡裝得滿滿的，好讓這趟出海的利益最大化。假設一個貨櫃的容積是 $1000m^3$，有 A～Z 共 26 種貨物可供選擇，這些貨物每立方米的重量、利潤都不相同，有些貨物海關會限制最大出口量，還有些貨物不能同時裝在一起，別忘了還要考慮船的載重和油耗……請問應該如何搭配這些貨物，才能獲得最大收益？此即為一個典型的動態規劃問題，也叫「背包問題」（knapsack problem）—出海前裝填貨櫃，和出去露營前裝填背包是一樣的道理。

本章接下來的內容，就一起領略動態規劃的精彩之處，並且看看它與哪些演算法相通。

3.2 透徹理解動態規劃

本節以一個經典的「換硬幣」問題為切入點，深入並透徹地理解動態規劃的觀念。問題如下：假設有 2 分、3 分、5 分三種硬幣，現在打算以它們湊齊 21 分，請問最少可以用多少枚硬幣？倘若拿這個問題問一個小孩子，他／她的第一反應肯定是「拿 5 分去換」，結果很快發現，在用 4 個 5 分硬幣湊出 20 分後，最後的 1 分拿不出來。也就是說，簡單（樸素）的「貪婪演算法」（greedy algorithm）在這個問題上不總是有效（如果是兌換 5 的倍數，則本演算法仍算有效）。如果他／她說「換不了」，我們肯定能舉出很多反例，告訴他／她是可行的，只是不知道哪個方案使用的硬幣最少。當然，換硬幣這種事也是不能馬虎的—不能說我想換 21 分，只給我 4 個 5 分，然後虧 1 分。

求解這個問題，稍微學過程式設計的人都知道可以用「窮舉法」：

```java
public class Main {
    public static void main(String[] args) {
        var minCount = change(21);
        System.out.println(minCount);
    }

    public static int change(int n) {
        int minCount = -1, time = 0;
        for (var c5 = 0; c5 <= n / 5; c5++) {
            for (var c3 = 0; c3 <= n / 3; c3++) {
                for (var c2 = 0; c2 <= n / 2; c2++) {
                    time++;
                    if (c5 * 5 + c3 * 3 + c2 * 2 == n) {
                        var count = c5 + c3 + c2;
                        if (minCount == -1 || minCount > count) {
                            minCount = count;
                        }
                    }
                }
            }
        }

        System.out.printf("Total tested: %d\n", time);
        return minCount;
    }
}
```

但「窮舉法」有兩個很大的侷限：

（1）它嘗試所有可能的組合，所以效率太低。執行這段程式，僅兌換 21 分
　　 就得嘗試 440 次之多（可以試試 21000 分）。

（2）它非常死板，只能針對已知硬幣種類和種類的個數—無論是改變硬幣的種類（例如 5 分改 7 分），還是增減種類的個數（例如換成 4 種或者 2 種硬幣），都會導致程式重寫。新手可能會問：「重寫就重寫嘛！有什麼大不了的？」可對於正式環境來說，程式重寫意謂著程式的重新編譯、測試、部署和分發……如果硬幣的組合方式很多，又經常變動呢？

遞推版動態規劃

提出一個問題：如果現在兌換 6 分錢，一般會選擇兩個 3 分硬幣，還是三個 2 分硬幣呢？答案顯而易見：根據「使用最少的硬幣個數」的價值取向，應當選擇兩個 3 分硬幣。換句話說，對於「換 6 分錢」這個問題，它的最佳解是 2（兩個 3 分）。更進一步，如果兌換更大的數字時，發現「兌換 6 分錢」是這個更大問題的一個子問題時，直接把 2 的最佳解拿出來用即可—這倒不是為了省事，而是嘗試說明，在子級最佳解上建構出來更高級別的解也是最佳解。好比是從三籃蘋果中選出每籃當中最大的那個，得到三個蘋果，然後再從這三個蘋果中挑出最大的一個，那麼這個蘋果肯定是這三籃蘋果中最大的一個。此即為動態規劃的基本原理。

因此，如何應用動態規劃的原理，完整地解出「換硬幣」的問題呢？請以下列的步驟思考：

（1）有些數值永遠兌換不出來，例如 1 分。對於這類數值而言，直接返回 -1 的結果。

（2）有 2 分、3 分、5 分三種硬幣，所以，當兌換 2 分、3 分、5 分的時候，最佳解肯定是 1—通常絕對不會用一個 2 分和一個 3 分去兌換 5 分。

（3）現在從 1 到 21、由低到高迭代一遍，每迭代一個數值，該數值的最佳解都只可能是下列三種情況中的一種：

- 1 個 5 分，加上這個數值減 5 的最佳解。

- 1 個 3 分，加上這個數值減 3 的最佳解。

- 1 個 2 分，加上這個數值減 2 的最佳解。

（4）繼續向後推進，直到 21。

把上述思路轉換成程式碼，於是得到：

```java
public class Main {
  public static void main(String[] args) {
    var coins = new int[]{2, 3, 5};
    var minCount = change(coins, 21);
    System.out.println(minCount);
  }


  public static int change(int[] coins, int n) {
    if (n == 0) return 0;
    var optimal = new int[n + 1];
    Arrays.fill(optimal, -1);
    for (var coin : coins) optimal[coin] = 1;
    for (var v = 1; v <= n; v++) {
      if (optimal[v] != -1) continue; // 2, 3, 5
      for (var coin : coins) {
        if (v - coin < 0 || optimal[v - coin] == -1) continue;
        if (optimal[v] == -1 || optimal[v - coin] + 1 <
                                      optimal[v])
          optimal[v] = optimal[v - coin] + 1;
      }
    }


    return optimal[n];
  }
}
```

執行程式，一樣得到 5 這個答案。動態規劃解法的優勢顯而易見：

- 核心遞推部分是一個雙層巢狀迴圈，執行效率是 O(n*coins.length)，基本上可以算作 O(n)。本題的運算次數是 63，比「窮舉法」的 440 次好多了；而且就算增大 n 的值，或者增加硬幣的種類，運算量的增長也平緩許多。
- 無論是改變硬幣的種類還是硬幣的值，都不用改動程式。例如，把 5 改成 7，結果立刻就變成了 3。

透過這個解法可以清楚地看到，遞推式動態規劃的要義在於兩點：

（1）有機會按照某種順序求解所有子問題。
（2）在求解任何一個子問題之前，其下的更子一級問題已經得到最佳解。

遞迴版動態規劃

既然知道父級問題的最佳解與子級問題最佳解之間的關係，也明白如何把父級問題拆解為子級問題，為何還要從子級問題一步一步推導，乾脆讓遞迴程式碼自己來做好了。這樣做還有一個好處，那就是：如果看不太清楚子問題的順序（有時候是懶得看），或者不能保證每個子問題都能在父級問題求解之前就得到最佳解的話，遞迴程式碼便可輔助做到這點—代價是對子問題的求解有可能重複，不過，加個字典式的快取就能避免重複求解啦！

具體到前述問題，解題的思路變成這樣：

（1）頂層問題是：「喂！遞迴函數呀，兌換 21 的話，最少用幾個硬幣就夠了？」
（2）遞迴函數說：「等等，我看看啊！肯定是兌換 16（21-5）、18（21-3）、19（21-2）結果中取最小的那個，再加上 1 囉！」

（3）遞迴函數默默問自己：「那兌換 16、18、19 的最佳解又是什麼呢？應該是……（於是繼續向深度遞迴）」。

（4）直到遞迴函數發現兌換 2、3、5 只需要一枚硬幣時，就把這三個最底層的最佳解逐層返回。

（5）最終頂層問題得到最佳解，是 5。

把思路轉換為程式碼，於是得到：

```
public static int change(int[] coins, int n) {
    var optimal = -1;
    if (n < 0) return optimal;
    for (var coin : coins) {
        if (n == coin) return 1;
        var subOptimal = change(coins, n - coin);
        if (subOptimal == -1) continue;
        if (optimal == -1 || optimal > subOptimal + 1)
            optimal = subOptimal + 1;
    }

    return optimal;
}
```

當然，這還是不帶快取的版本。後果就是遞迴函數將對某些值多次求解，造成運算上的重複和浪費。而且，越是靠近底層的子級問題，重複運算的次數就越多─因為它們被眾多的父級問題共用。以目前這個例子來說：如果為遞迴函數加上一個計數器（例如字典），在進入這個函數時，統計針對某個 n 的值一共做了多少次呼叫（重複求解），便會發現─針對最頂層的問題 21 來說，只做了一次求解，而針對 12 就已經有 8 次求解（相當於有 7 次是重複的），而到了更靠近底層的 4，就已經達到 144 次求解（即 143 次重複）。

　　那麼應該如何避免子問題的重複計算呢？答案當然是：快取。也就是說，當對一個子問題完成求解後，馬上以某種方式記錄下這個已經確定的解，下次再要求對這個子問題求解時，直接把求好的解拿出來使用就行。這裡有必要強調一點，那就是：快取下來的子問題解一定是確定、不會再變的值。當為程式碼加上一個（羽量級的）快取之後，所有的子問題只需求解一次，之後便可從快取直接拿出結果：

```java
public class Main {
    public static void main(String[] args) {
        var coins = new int[]{2, 3, 5};
        var cache = new int[21 + 1]; // 羽量級快取，沒有用map
        Arrays.fill(cache, -1);
        var minCount = change(coins, 21, cache);
        System.out.println(minCount);
    }

    public static int change(int[] coins, int n, int[] cache) {
        var optimal = -1;
        if (n < 0) return optimal;
        if (cache[n] != -1) return cache[n]; // 此行以下為真正運算
        for (var coin : coins) {
            if (n == coin) return 1;
            var subOptimal = change(coins, n - coin, cache);
            if (subOptimal == -1) continue;
            if (optimal == -1 || optimal > subOptimal + 1)
                optimal = subOptimal + 1;
        }

        cache[n] = optimal;
        return optimal;
    }
}
```

　　說到快取子問題解的功能，在這方面，遞迴相較遞推有著「先天優勢」，為什麼這麼說呢？因為，遞推總是要沿著某個順序進行，有時候無法保證推進到某一步時，這一步所需的全部子問題解，都已經在前面的推進過程中求得。對於沒有求到的子問題，快取當然不可能有它的解。而（自下而上的）遞迴則保證當進行某一層的運算時，以其為根（父問題）的所有子問題都已經求解並且快取了。此外，為了避免呼叫堆疊溢出帶來的麻煩（畢竟，子問題的深度經常是不可知的，好比本例，它的子問題深度是由待兌換的數值，除以最小的硬幣面額決定），需要做好將「以自下而上式遞迴求解動態規劃問題」的程式碼，轉換為以迴圈語句加堆疊資料結構的遞推式程式碼一這招十分有用：

```java
public static int change(int[] coins, int n) {
    var count = new int[n + 1]; // 記錄已經處理了幾個子問題
    var cache = new int[n + 1];
    Arrays.fill(cache, -1); // -1表示尚未計算過或者沒有兌換方案
    var stack = new Stack<Integer>();
    stack.push(n);
    while (true) {
        var top = stack.peek();
        if (count[top] == coins.length) {
            var sub = stack.pop();
            if (stack.isEmpty()) break;
            top = stack.peek();
            if (cache[sub] != -1 && (cache[top] == -1 || cache[top]
                                                  > cache[sub] + 1))
                cache[top] = cache[sub] + 1;
            count[top]++;
        } else {
            var sub = top - coins[count[top]];
            if (sub < 0 || (count[sub] == 2 && cache[sub] == -1)) {
                                                    // 子問題無解
```

```
        count[top]++;
    } else if (sub == 0) {
      cache[top] = 1; // 1是可能的最小值
      count[top]++; // count[top] = coins.length; 亦可
    } else if (cache[sub] != -1) {
      if (cache[top] == -1 || cache[top] > cache[sub] + 1)
        cache[top] = cache[sub] + 1;
      count[top]++;
    } else {
      stack.push(sub);
    }
    }
  }


  return cache[n];
}
```

程式碼的核心控制在於檢查 count[x] 的值有沒有達到 coins.length，若有，説明子問題最佳解都已經求出，並且快取於 cache 裡。之所以要把這個版本的程式碼放在這裡：

（1）當大家在工作中遇到同樣苛刻的條件時，便可拿出來參考（連快取都加好了）。

（2）讓大家對這段程式碼的長度和複雜度有一種認知（30 多行，不太好臨時想出）。

這樣在競賽或者面試時，就可以衡量一下有沒有把握在規定時間內寫出來。
（注：有些競賽允許複製程式碼範本，再於範本上修改來解題。）

陷阱：這不是動態規劃！

　　仍然是兌換硬幣的問題一沒有意外的話，應能想到（或者聽過）一個遞推觀念的版本：

```java
public static int change(int[] coins, int n) {
   var optimal = new int[n + 1];
   Arrays.fill(optimal, -1);
   optimal[0] = 0;
   for (var v = 0; v < n; v++) {
      if (optimal[v] == -1) continue; // 此值無法兌換
      for (var coin : coins) {
         var to = v + coin;
         if (to <= n && (optimal[to] == -1 || optimal[to] >
                                        optimal[v] + 1))
            optimal[to] = optimal[v] + 1;
      }
   }

   return optimal[n];
}
```

　　這個版本像極第一個「以遞推觀念實作動態規劃」的範例。但仔細品味後就會發現，此版本的觀念是：站在目前兌換值 x 的最佳解上，迭代每種硬幣的幣值 c，推導出目前兌換值加硬幣幣值 y=x+c 的一個解，等於目前最佳解加 1一但推導出來的解不保證是最佳解，一旦推進到兌換值 y 的時候，因為經歷了多個解的不斷碰撞和覆蓋，得到的肯定是兌換 y 值的最佳解。

　　這個版本也有子問題解的碰撞，也是遞推……那麼，它是動態規劃嗎？顯然不是！區分一個觀念是不是動態規劃，要看在某個操作步驟上，是否主動地對所

有子問題的最佳解進行碰撞─此處「所有」和「主動」最為關鍵。而上面這個版本，並沒有「主動」去做碰撞。它的確是逐一碰撞所有子問題的最佳解，但只能說這是此類問題的一個巧合─因為此問題數學結構的限制，當遞推程式碼推進到某個兌換值時，該兌換值的全部子兌換值的確都已經計算過了，而且透過比較（碰撞）得到最小的值（最佳解）。為了方便起見，暫時把這個版本稱為「純遞推版」。

請注意，「觀念」本就是個主觀的意念，它是「主觀意圖」。好比「我想請你喝茶」，這是我的主觀意圖。而「我想請你喝咖啡，結果咖啡館人滿了，只能請你喝茶」，這就不是我的主觀意圖，不能算「我想請你喝茶」。所以，如果有人說上面這個版本是動態規劃，或者誤以為能解這類題目的方法就叫動態規劃，那可就錯了。

做人做事真的不能只看表象、只看結果，「念頭」是個很重要的東西。就拿可以讓人從煩惱中解脫的「空」來說─如果本來擁有很多，但能透過「斷、捨、離」逐漸放下，這是真的「空」，是人生大贏家。而一個人本來就一無所有、不求上進，然後還用「四大皆空」為自己開脫，那便是人生的大輸家。

貪心也要動腦子

既然已經掌握純遞推且非動態規劃的觀念，不妨再往前走一步，看看「純遞推」這條胡同到底通向哪裡。擴展一下思路，把 1 到 21 間的每個數字都想像成一個節點，那麼這些節點之間的通路會是：

- 0 通向 2、3、5。
- 1 通向 3、4、6。
- 2 通向 4、5、7。

- 3 通向 5、6、8。
- 4 通向 6、7、9。
- ……。

由此得知，排在前面的節點有可能共用後面的節點（2 和 3 都能通向 5，2 和 4 都能通向 7，3 和 4 都能通向 6……）。如果有興趣把所有的節點和通路都畫出來，便會發現畫出的是一個沒有環路的圖（graph），圖上的每條邊（兩節點間的通路）都有方向，而且等同於「用了一枚硬幣」。此處要做的，就是找到從 0 到 21 的最短路徑—最短路徑便是用硬幣最少的路徑，因為每條邊相當於一枚硬幣。

其實，前面那個「純遞推」的方法就是一個標準的「最短路徑演算法」，也就是如雷貫耳的「戴克斯特拉單源全對最短路徑演算法」（Dijkstra's Single-Source All-Pairs Shortest Path，簡稱 Dijkstra's SSASP）。Dijkstra 是著名的電腦科學家，「單源」（single-source）指的是路徑的出發點只有一個（本例為 0）；「全對」（all-pairs）指的是一趟遞推走下來，凡是推進時經過的節點，起點到這個節點的最短路徑都被計算出來了（以本問題來説，它們保存於 optimal 陣列）—這點很好理解，因為我們就是基於先推進出來的（子問題的）最佳解推導後面的最佳解。得到終點最佳解的前提，便是前面所有經過的點都已計算出最佳解。

這點倒是不錯！本來只想計算一個從起點到終點的最佳解，結果也順便求出來路過點的最佳解！（注：其實動態規劃也做到這點，而且快取了子問題的最佳解。有異曲同工之妙！）

仔細觀察動態規劃版和 Dijkstra's SSASP 版的程式，都能發現一句類似的程式碼，大致如下：

```
if (optimal[to] > optimal[v] + x){
   optimal[to] = optimal[v] + x;
}
```

這句程式碼的用意是：如果新得出的解優於先前的解，就以新解取代舊解，以達到逐步最佳化，最後得到最佳解。這步操作的演算法術語叫「鬆弛」（relax，與「繃緊」相對，因為值越來越小）。本例的 x 值為 1，因為圖上每條邊的權值正好都是 1（用一枚硬幣）。未來正式接觸圖演算法的時候，還會更深入地討論這個值。

如果分析 Dijkstra's SSASP 和動態規劃演算法，便會發現，它們在效能上並沒有太多不同—因為要做的操作一樣多。不過，針對 Dijkstra's SSASP 稍加最佳化，就能得到一個速度更快、效率更高的演算法。

怎麼最佳化呢？首先，需要建立一個類別 MinCountTo，該類別的作用有兩個：

（1）儲存到某個兌換值所需的最少硬幣數，亦即最佳解。

（2）按照給定的價值取向進行比較，詳程式碼。

```java
public class MinCountTo implements Comparable<MinCountTo> {
   int count;
   int to;

   public MinCountTo(int count, int to) {
      this.count = count;
      this.to = to;
   }

   @Override
```

```
    public int compareTo(MinCountTo that) {
        if (this.count < that.count) {
            return -1;
        } else if (this.count > that.count) {
            return 1;
        } else if (this.to > that.to) {
            return -1;
        } else if (this.to < that.to) {
            return 1;
        } else {
            return 0;
        }
    }
}
```

　　為了便於相互比較，此類別實作了 Comparable<T> 介面。它的比較邏輯，或者說「價值取向」是：先以 count 值決定大小—count 的值小則物件也「小」；倘若 count 的值相等的話，就比較 to 的值—to 的值大則物件反而「小」。

　　然後，演算法程式碼如下：

```
public static int change(int[] coins, int n) {
    var pq = new PriorityQueue<MinCountTo>();
    pq.offer(new MinCountTo(0, 0));
    while (!pq.isEmpty()) {
        var optimal = pq.poll();
        if (optimal.to == n) return optimal.count;
        for (var coin : coins)
            if(optimal.to + coin <= n)
                pq.offer(new MinCountTo(optimal.count + 1, optimal.to
                                                              + coin));
    }
```

```
        return -1;
    }
```

相信很多人看到這段程式碼都會疑惑不解—它與 Dijkstra's SSASP 的差別是
如此之大，怎麼能説是「稍做最佳化」呢？其實，前面提到 Dijkstra's SSASP 的
外層 for 迴圈，扮演的是一個 Queue<E> 資料結構加 while 迴圈的作用，它保證
每個可兑換的值都會被計算，亦即等價於：

```java
public static int change(int[] coins, int n) {
    var optimal = new int[n + 1];
    Arrays.fill(optimal, -1);
    optimal[0] = 0;
    Queue<Integer> q = new LinkedList<>();
    q.offer(0);
    while (!q.isEmpty()) {
        var v = q.poll();
        for (var coin : coins) {
            var to = v + coin;
            if (to > n) continue;
            q.offer(to);
            if (optimal[to] == -1 || optimal[to] > optimal[v] + 1)
                optimal[to] = optimal[v] + 1;
        }
    }

    return optimal[n];
}
```

　　這樣比較起來就清晰許多：Queue<E> 沒有優先順序，所以它不會「大小眼」，不會優先照顧某個兌換值的運算，所以都會被「機會均等地」運算。而在最佳化版本裡，我們以 PriorityQueue<E> 取代 Queue<E>，並且，告訴它盡可能優先考慮所需硬幣少的兌換方案。如果若干兌換方案使用的硬幣一樣少，便優先考慮那些兌換的值比較大的（更靠近最終結果的）方案。即使到最後發現兌換方案達不到要求（例如：4 個 5 分能兌換 20 分，但不可能兌換出 21 分），那麼 PriorityQueue<E> 也會提供另一個相對其他方案更靠近最終結果的方案，並繼續推進。這樣一來，應用 PriorityQueue<E> 的演算法就有可能比 Queue<E> 演算法先找到兌換最終值的最佳解—底線是不會比應用 Queue<E> 的演算法慢。當然，作為代價，並非從起點到終點的每個可兌換值，都有機會得到運算、求得最佳解，因此，這個演算法的名字叫「戴克斯特拉單源最短路徑演算法」（Dijkstra's Single-Source Shortest Path，簡稱 Dijkstra's SSSP）—「全對」（all-pairs）不見了。

　　現在，至少又瞭解到兩點有意義的知識：

（1）遞推版的動態規劃與 Dijkstra's Algorithms 有著微妙的關聯，它通向圖演算法。

（2）換硬幣這類的問題可以用「貪婪演算法」求解（是的，Dijkstra's SSSP 是「貪婪演算法」，它的貪心體現於 PriorityQueue<E> 的價值取向），只是不能採用簡單（樸素）的「貪婪演算法」罷了—貪心也是需要智商的。

3.3 更上層樓：讓規劃「動態」起來

上一節的主要目的是理解動態規劃的基本原理，至於幫助理解原理的問題─換硬幣─本身並不是一個特別「動態」的問題，因為它的每個子問題都是「勻質」的，亦即 3 分硬幣中的每一分錢，和 5 分硬幣中的每一分錢是等價的；3 個 5 分和 5 個 3 分是等價的。同時，換硬幣時也沒有數量上的限制，每種硬幣都用不盡，這樣一來，每個問題的子問題就都固定是 3 個（coins.length）。然而，現實世界中大多數需要動態規劃觀念求解的問題，都要比換硬幣這類問題情況複雜──一般都是非勻質、在多個維度上有限制。一開始套用動態規劃觀念時，會感覺很不適應，特別是在界定父級問題和子級問題的時候。本節就透過幾個經典的例子幫大家克服這種不適感，快速上手動態規劃的思維工具。

切年糕

凡是讀過《演算法導論》的人，都知道動態規劃一章有個「切鋼條」（Rod Cutting）的例子。除非對機械、工程方面的知識有所涉獵，不然對什麼是鋼條（steel rod）一定很無感。所以，這裡還是切年糕吧─年糕不但好吃，而且人人都見過，不陌生。

問題如下：街角的年糕老店每鍋都會蒸出一個 10 斤的大年糕，店裡的夥計就會把年糕按照不同的斤兩切成塊，然後出售。根據以往的經驗和對銷售資料的分析，店家將年糕的價格定為：

重量 / 斤	1	2	3	4	5	6	7	8	9	10
價格 / 元	3	7	11	12	15	17	18	25	28	30

假設所有的年糕都能賣出去，那麼，一塊 10 斤的大年糕應該怎麼切，最後的銷售額才能達到最大呢？

這個問題就帶有典型的「不均勻性」─如果 10 斤的年糕 30 元，切塊之後仍然按每斤 3 元來賣，那麼隨便怎麼切，或者都切成 1 斤一塊即可。不均勻性還體現在值的無規律性─如果大塊都按照批發價打折，那麼不用問，一律切成小塊就行。

現在，面對不均勻的資料，應該怎麼處理呢？首先，嘗試全部組合是能得到結果的，只是效率太低、執行太慢，應付切年糕還行，沒辦法推廣到真正的工程專案中。此外，一般而言，全部組合之所以慢是因為裡面有很多「非最佳解」攪局，導致組合方案的總數呈指數級激增─如果能即早從組合中剔除非最佳解、只留下最佳解進行組合，那麼效率就會提高很多。如何剔除非最佳解？當然是將同質、同級子問題的解拿來比較（碰撞），最後只留下最佳解。「同質、同級子問題解進行碰撞取優」，這不就是動態規劃嘛！

有了前面換硬幣的問題做基礎，很容易想出來這個問題的遞推版解法─某個重量值 w 的「最佳切法」，是從下列的方案中擇優選出來的：

- 重量為 w 單獨一塊的價格為 prices[w]。
- 嘗試迭代每個比 w 小的切塊 dw，計算「dw 的最佳解」與「w-dw 的最佳解」之和，並取得最大的和。

無論是 dw 還是 w-dw 都比 w 要小，所以，如果從 1 開始向 w 遞推，那麼在推進到 w 之前，肯定都已經計算出來 dw 和 w-dw 的最佳解，因此可以放心地進行比較碰撞。於是，我們可以很輕鬆地實作下列程式：

```java
public class Main {
  public static void main(String[] args) {
```

```
        var prices = new int[]{0, 3, 7, 11, 12, 15, 17, 18, 25, 28,
                                 30}; // 索引為重量

        var max = cut(prices, 10);
        System.out.println(max);  // 輸出36
    }

    public static int cut(int[] prices, int n) {
        var optimal = new int[n + 1];
        for (int w = 0; w <= n; w++) {
            if (w < prices.length) optimal[w] = prices[w];
            for (int dw = 0; dw < w; dw++) {
                var sum = optimal[dw] + optimal[w - dw];
                if (sum > optimal[w]) optimal[w] = sum;
            }
        }

        return optimal[n];
    }
}
```

　　既然已經弄清楚父級問題與子級問題之間的關係，為何不拿「最終問題」直接向程式發問呢？於是，遞迴版的程式碼乃應運而生：

```
public class Main {
    public static void main(String[] args) {
        var prices = new int[]{0, 3, 7, 11, 12, 15, 17, 18, 25, 28,
                                 30};
        int w = 10, cache = new int[w + 1];
        Arrays.fill(cache, -1);
        var max = cut(prices, w, cache);
        System.out.println(max); // 輸出36
    }
```

```
public static int cut(int[] prices, int w, int[] cache) {
   if (w <= 0) return 0;
   if (cache[w] != -1) return cache[w];
   var max = w < prices.length ? prices[w] : 0;
   for (int dw = 1; dw < w; dw++) { // dw必須從1開始
      var sub = cut(prices, dw, cache);
      sub += cut(prices, w - dw, cache);
      if (sub > max) max = sub;
   }
   cache[w] = max;
   return max;
}
}
```

　　「切年糕」比「換硬幣」問題稍微「動態」那麼一丁點，體現於：換硬幣的時候，子問題總是硬幣種類有那麼多個（coins.length）；而切年糕的時候，子問題的個數隨著重量的增加而增加。

接訂單

　　當誇讚一個人「有策略」、「有智慧」的時候，往往是說這個人懂得取捨、能夠將有限的資源「利益最大化」。這道題就是為了揭示「成本─收益」類問題背後的秘密，讓自己也成為一個「有智慧」、「有策略」的人。

　　問題如下：一位知名經濟學家正在一座優美的小城市度假，因為非常仰慕他的遠見卓識，所以，在得知這個消息後，這座城市的很多企業高管都想請他答疑解惑，當然，他也開出了不菲的授課酬勞：

邀約	a	b	c	d	e	f
時間 / 小時	1	1	2	2	3	3
金幣 / 個	2	4	2	6	4	5

經濟學家決定拿出一天來，只講 5 個小時的課，請問，他應該接受哪些邀請才能得到最多的金幣？

這個問題與之前所有問題，最大的不同之處在於：最底層子問題的解最多只能使用一次。例如，講 1 小時得 4 個金幣的邀約是最划算的，但只能講一次一不會有人在得到答案後再問一遍同樣的問題、再交一遍學費。同樣的，類似的問題還有很多。又例如，同樣是旅遊，需要計算的是如何選擇攻略（每個攻略都有所需的天數和能遊覽的景點個數），才能在有限的假期裡遊覽最多的景點。再例如，一個背包的承重最多是 W 公斤，現在有 n 個物品，物品的重量從 w[1] 到 w[n]、價值從 v[1] 到 v[n]，有兩個問題：

（1）不考慮價值，最重能夠裝進多少物品？

（2）考慮價值，如何選擇物品，才能讓背包裡的物品價值最高。

因為旅遊、經商這類活動不是每個人都有機會參與，但人人都用過背包，所以，這類對成本有限制、對收益有追求的「成本—收益」問題，便統稱為「背包問題」（knapsack problem）。特別的是，當最底層的子問題解（如可裝進背包的物品、可選的旅遊攻略、可接受的授課邀請等）最多只能選擇一次（可以不選但不能重複）時，就成了「背包問題」的一個子集，稱為「0-1 背包問題」（0-1 knapsack problem）。這裡的 0 和 1 指的是，對於一個基本選項來說，只有兩個選擇：選或不選。

回到問題上，這個問題應該怎麼求解呢？首先，當資料規模不大時，利用「窮舉法」嘗試一遍所有可能的組合即可。但這顯然不是最佳方案，仍然會有很

多非最佳子方案混進後續的組合中，進而增大運算量、降低演算法效率。然後，藉助「思維慣性」，很可能會想到一種方案，亦即嘗試以時間或者金幣數為子問題的維度進行遞推－可能會在這裡卡很久，最終發現因為每個選項只能選一次，因此不得不用很多輔助的辦法記住哪個選項已經選過、哪個還沒有，結果發現還不如使用「窮舉法」！由此得知，解動態規劃問題的核心要義，便是識別出什麼是父問題、什麼是子問題，以及從子問題到父問題的遞推關係。如果在界定問題時走錯方向，便絕對不可能應用動態規劃的觀念。

因此，就這個問題而言，它可遞推的父問題是什麼呢？答案是：把邀約隨機地排成一列（不用按成本或收益排序），首先可以肯定的是，任何一個邀約與排在其前面的邀約都不重複。這樣一來，若想選擇此邀約時，就絕對不用擔心它已經被選過，所以也不需要以快取記錄邀約的選中情況；其次，如果從頭到尾迭代每個邀約，那麼迭代到這個邀約時的最佳方案，只可能從下列方案中選出：

（1）目前這個邀約的收益（金幣數），優於或等於之前所有最佳組合方案中與其成本（授課總時長）相等的方案。

（2）把目前這個方案加到之前的所有最佳方案中，看看有沒有產生相同成本的更佳方案。

迭代完所有物件之後，下一步就是選出成本沒有超出限制、收益最大的方案。

界定問題的時候，其中有個微妙的小思考，那就是：為什麼是目前邀約，與排在「前面的」邀約的最佳組合方案進行比較碰撞，而不是跟「其他所有的」邀約的最佳組合方案進行碰撞呢？仔細想想就能發現－其實它們是同一件事。例如，目前有 A、B、C 三個邀約，如果是只碰撞「前面的」最佳組合，那麼，A 直接入選，B 與 A 碰撞，C 與 A、B 的組合碰撞；如果是與「其他所有的」最佳組合碰撞，那麼 A 需要與 B、C 的最佳組合碰撞，B 需要碰撞 C、C 需要碰撞 B

（重複），最後 B 或 C 作為單獨選項的時候不用碰撞—結果就是要麼按 C->B->A 的順序迭代了一遍，要麼按 B->C->A 的順序迭代了一遍。

下面把思路實作為程式碼。為了讓程式更貼近演算法的自然語言描述，這裡將邀約物件化，如此就能減少陣列映射關係對演算法學習的干擾：

```java
public class Invitation {
    int hour;
    int reward;

    public Invitation(int hour, int reward) {
        this.hour = hour;
        this.reward = reward;
    }
}
```

然後，把上述演算法觀念直白地翻譯成程式碼：

```java
public static int choose(Invitation[] invitations, int limit) {
    var optimal = new HashMap<Integer, Integer>();
    for (var inv : invitations) {
        var temp = new HashMap<>(optimal);
        if (optimal.isEmpty()) {
            temp.put(inv.hour, inv.reward);
        } else {
            for (var h : optimal.keySet()) {
                int hh = h + inv.hour, rr = optimal.get(h) + inv.reward;
                if (!temp.containsKey(hh) || rr > temp.get(hh))
                    temp.put(hh, rr); // 碰撞取優
            }
```

```
        if (!temp.containsKey(inv.hour) || temp.get(inv.hour) <
                                                    inv.reward)
            temp.put(inv.hour, inv.reward); // 碰撞取優
    }

    optimal = temp;
    }

    var max = 0;
    for (var h : optimal.keySet())
        if (h <= limit && optimal.get(h) > max)
            max = optimal.get(h);

    return max;
}
```

呼叫函數，得出最大收益是 12 的結果：

```
public static void main(String[] args) {
    var invitations = new Invitation[]{
        new Invitation(1, 2),
        new Invitation(1, 4),
        new Invitation(2, 2),
        new Invitation(2, 6),
        new Invitation(3, 4),
        new Invitation(3, 5)
    };

    var maxReward = choose(invitations, 5);
    System.out.println(maxReward); // 輸出12
}
```

這版程式碼中，因為有個字典（Map<Integer, Integer>）一直跟隨著迭代的推進保存最佳解，所以把它稱為「滑動字典法」遞推實作。很多初學者不太理解「var temp = new HashMap<>(optimal);」這一步─有些書裡模稜兩可地把它解釋為「繼承前面的最佳解」，「繼承」是什麼意思，為什麼要「繼承」卻沒有説清楚。其實，這一步真的是動態規劃遞推解法的「點睛之筆」，它的用意是：已有的子問題最佳解先照搬下來，然後，讓目前正被考慮的邀約，與子問題的最佳解進行組合、產生一組新的最佳解，如果這組新的最佳解與子問題的最佳解有交集，就進行碰撞取優。然後，子問題最佳解和新產生的最佳解便合併（merge）在一起，以作為下一步的子問題最佳解。這一步很重要，必須要理解。

這個版本很清晰、很好記，唯一的問題就是對記憶體的要求有點大（每推進一步都要建立一個新的字典實例，並拋棄舊的）。當字典中的 key 值都是大於等於 0 的整數，且 key 的取值範圍不大時，便可用一個陣列代替厚重的字典。於是，程式碼可以升級為：

```java
public static int choose(Invitation[] invitations, int limit) {
    var optimal = new int[limit + 1];
    for (var inv : invitations) {
        var temp = optimal.clone();
        for (var h = 1; h <= limit; h++) {
            int hh = h + inv.hour, rr = optimal[h] + inv.reward;
            if (hh <= limit && rr > temp[hh])
                temp[hh] = rr; // 碰撞取優
        }

        if (inv.hour <= limit && temp[inv.hour] < inv.reward)
            temp[inv.hour] = inv.reward; // 碰撞取優

        optimal = temp;
    }
```

```
    var max = 0;
    for (var r : optimal)
        if (r > max) max = r;

    return max;
}
```

這個版本用長度為 limit + 1 的 int[] 代替字典。之所以採用 limit + 1 作為陣列的長度，主要有兩點考量：

（1）因為需要將 limit 的值包含於陣列的索引。

（2）因為根本不用考慮大於 limit 的小時數。

觀察這版程式碼，很快就能發現一既然每次克隆出來的新陣列跟之前的長度都一樣，也知道總共迭代多少次（invitations.length），何苦一邊克隆、一邊丟棄呢？乾脆直接使用二維陣列就好了！於是，程式碼可以「升級」為：

```
public static int choose(Invitation[] invs, int limit) {
    var optimal = new int[invs.length][limit + 1];
    if (invs[0].hour <= limit)
        optimal[0][invs[0].hour] = invs[0].reward;
    for (var i = 1; i < invs.length; i++) {
        System.arraycopy(optimal[i - 1], 0, optimal[i], 0, limit + 1);
        for (var h = 1; h <= limit; h++) {
            int hh = h + invs[i].hour, rr = optimal[i - 1][h] +
                                                    invs[i].reward;
            if (hh <= limit && rr > optimal[i][hh])
                optimal[i][hh] = rr; // 碰撞取優
        }
```

```
        if (invs[i].hour <= limit && optimal[i][invs[i].hour] <
                                                  invs[i].reward)
            optimal[i][invs[i].hour] = invs[i].reward; // 碰撞取優
    }

    var max = 0;
    for (var r : optimal[invs.length - 1])
        if (r > max) max = r;

    return max;
}
```

這版程式碼清楚地說明：以遞推式動態規劃求解 0-1 背包問題，時間複雜度是 O(n*limit)，這是由巢狀的 for 迴圈來決定。除非已經徹底理解這個問題的解題觀念，不然真的很難讀懂這版程式碼。然而，很多書籍一上來講的就是這版程式碼，而且輸入值還不是物件化（想像一下給定兩個 int[]，一個是小時數、一個是金幣數；或者給定一個 int[][]，每個子陣列的第一個元素表示小時數，第二個元素表示金幣數⋯⋯）。先不談有沒有弄懂動態規劃的觀念，那一層一層的中括號，便足以讓人望而卻步了！不信？請看這版程式碼：

```
public static int choose(int[] hours, int[] rewards, int limit) {
    var optimal = new int[hours.length][limit + 1];
    if (hours[0] <= limit)
        optimal[0][hours[0]] = rewards[0];
    for (var i = 1; i < hours.length; i++) {
        System.arraycopy(optimal[i - 1], 0, optimal[i], 0, limit + 1);
        for (var h = 1; h <= limit; h++) {
            int hh = h + hours[i], rr = optimal[i - 1][h] + rewards[i];
            if (hh <= limit && rr > optimal[i][hh])
                optimal[i][hh] = rr; // 碰撞取優
        }
```

```
        if (hours[i] <= limit && optimal[i][hours[i]] < rewards[i])
            optimal[i][hours[i]] = rewards[i]; // 碰撞取優
    }

    var max = 0;
    for (var r : optimal[hours.length - 1])
        if (r > max) max = r;

    return max;
}
```

以及這版程式碼：

```
public static int choose(int[][] invs, int limit) {
    var optimal = new int[invs.length][limit + 1];
    if (invs[0][0] <= limit)
        optimal[0][invs[0][0]] = invs[0][1];
    for (var i = 1; i < invs.length; i++) {
        System.arraycopy(optimal[i - 1], 0, optimal[i], 0, limit + 1);
        for (var h = 1; h <= limit; h++) {
            int hh = h + invs[i][0], rr = optimal[i - 1][h] +
                                                    invs[i][1];
            if (hh <= limit && rr > optimal[i][hh])
                optimal[i][hh] = rr; // 碰撞取優
        }

        if (invs[i][0] <= limit && optimal[i][invs[i][0]] < invs[i][1])
            optimal[i][invs[i][0]] = invs[i][1]; // 碰撞取優
    }

    var max = 0;
    for (var r : optimal[invs.length - 1])
```

```
        if (r > max) max = r;

    return max;
}
```

不知道看到這兩版程式碼時是什麼感覺？反正當筆者看到諸如 optimal[i][invs[i][0]] 這類的程式碼時，整個人是慌了一更何況還要依靠這樣的程式碼，進一步理解背後的程式設計觀念……

總之，很多書一上來就以這兩個版本的程式碼講解遞推式動態規劃，大概有幾個原因：

（1）這兩個版本不涉及物件導向程式設計，這對 C 語言背景的學習者，或者不擅長物件導向的學習者來說是一種優待。

（2）書籍內容是從物件導向尚不流行的年代傳承下來的，沒做升級。

（3）作者希望盡可能減少演算法對軟體工程相關知識的依賴，例如，這樣就不用建立 Invitation 類別。

（4）在二維陣列上進行遞推，與在白板上畫表格推演取捨非常類似，這也是最貼近動態規劃觀念的初衷（如下圖，右圖中灰色格子說明碰撞後，最佳解產生了變化）。

Invitation	0	1	2	3	4	5
Hour	1	1	2	2	3	3
Reward	2	4	2	6	4	5

		Hour					
		0	1	2	3	4	5
Invitation	0		2				
	1		4	6			
	2		4	6	6		
	3		4	6	10	12	12
	4		4	6	10	12	12
	5		4	6	10	12	12

圖 3-1

有趣的是，表格的推演説明：經濟學家講 4 個小時和 5 個小時，得到的最大酬勞都是 12 個金幣。不過，這道題並沒有問應該接受哪幾個邀約，只是問最多能得到多少酬勞。

一旦找到動態規劃問題中，子問題與父問題之間的遞推關係，那麼，編寫遞迴程式碼應該也不在話下。此處仍然使用自描述性比較好、應用物件導向設計的程式碼（注：這裡的 optimal 對應遞推版的 temp，而遞推版的 optimal 對應這版的 subOptimal，一切命名皆為可讀性服務，名正方能言順）：

```java
public static Map<Integer, Integer> choose(Invitation[] invs, int
                                            i, int limit) {
  if (i >= invs.length) return new HashMap<>(); // 越界代價
  var subOptimal = choose(invs, i + 1, limit);
  var optimal = new HashMap<>(subOptimal);
  if (optimal.isEmpty()) {
    if (invs[i].hour <= limit)
      optimal.put(invs[i].hour, invs[i].reward);
  } else {
    for (var h : subOptimal.keySet()) {
      int hh = h + invs[i].hour, rr = subOptimal.get(h) +
                                          invs[i].reward;
      if (hh <= limit && (!optimal.containsKey(hh) || optimal.
                                        get(hh) < rr))
        optimal.put(hh, rr);
    }

    if (!optimal.containsKey(invs[i].hour) || invs[i].reward >
                                  optimal.get(invs[i].hour))
      optimal.put(invs[i].hour, invs[i].reward);
  }
```

```
      return optimal;
}
```

呼叫程式碼，仍然得到最佳解 12：

```java
public static void main(String[] args) {
    var invitations = new Invitation[]{
        new Invitation(1, 2),
        new Invitation(1, 4),
        new Invitation(2, 2),
        new Invitation(2, 6),
        new Invitation(3, 4),
        new Invitation(3, 5)
    };

    var optimal = choose(invitations, 0, 5);
    var max = 0;

    for (var r : optimal.values())
        if (r > max) max = r;
    System.out.println(max); // 輸出12
}
```

最後，提醒一句：背包問題最佳解的總成本，未必一定等於成本限制—也有可能比成本限制小。例如，就算經濟學家最多想講 5.5 小時的課，上述的最佳方案最多只能把時間湊到 5 小時（因為課程都是整數）。此時，經濟學家不會因為最佳方案的總時長不是 5.5 小時就一課不講。另外，當經濟學家面對的不是五六個邀約，而是五六萬個訂單時，他／她一定會請程式人員開發工具！

聽講座

回顧之前的幾個問題，每個問題都會在動態規劃觀念的基礎上增加一點限制：

- ■ 「換硬幣」是標準、勻質的動態規劃問題，屬於最基本的。
- ■ 「切年糕」則增加一個價值取向維度，正是此維度讓資料變得不勻質。
- ■ 「接訂單」則進一步限制選項的使用次數—最多只能選一次。

之前的三個問題都有一個共同的特點，亦即最底層的子問題之間沒有直接關係。例如，在餘量充足的前提下：換了一個 5 分硬幣之後，再換 2 分、3 分還是 5 分都行，後面的行為不會受到前面的影響；或者切了一個 2 斤的年糕塊後，下一塊切多大也不受前面的影響；再或者決定接受一個邀約後，下一個想接的邀約也不受前面已經接受的所影響。換句話說，三個問題中的基本子問題都是獨立的。

不過，很多時候，一組資料中的元素並不是獨立的—它們之間或主動、或被動地有著一些關聯。例如，幫動物園搬家的時候，不能為了只貪圖節省成本，就把老虎和綿羊放在同一個籠子裡運輸，因為它們之間有天然、主動的「吃」與「被吃」的關係。再例如，一組從左到右排列好的亂數，它們之間本來是沒有任何關係，但如果想找出最長的升冪序列，這時就要「被迫地」去比大小了。本小節準備研究一個典型、元素之間有關聯的問題。

上一小節裡，經濟學家作為被邀請的對象，講課的時間由他 / 她自己決定，所以，接受的邀約在時間上不會有衝突。但回到一個學生的視角：某天，幾位業界大神級的人物組團來到大學開講座，每聽一場講座就能收穫若干「課外學習點數」。於是從列表中選出一些與自己專業相關的講座，發現他們在時間安排上有

衝突（見下表），學校又要求不能中途離場或者在開始之後進場，這時候，應該
選擇哪些講座，才能收穫最多的「課外學習點數」呢？

講座	a	b	c	d	e	f	g
開始	9	9	11	12	13	17	14
時長	2	4	3	5	4	3	7
點數	2	5	4	7	5	4	7

那麼，應該怎麼解這道題呢？首先發現，這也是一個 0-1 背包問題（一個講
座不可能聽兩遍），所以，基於「接訂單」的程式碼做些改動，應該就能解出這
道題（前提是真的看懂「接訂單」的題目）。那麼，本題與「接訂單」的本質不
同在哪裡呢？不同處在於：經濟學家所接的邀約之間是獨立的，因此，遞推時，
每個目前正在考慮的邀約，與前面考慮過的邀約都不會衝突。而本題則不一樣──
目前考慮的講座，很可能與前面考慮過的講座衝突（前面講座的結束時間，晚
於目前考慮的講座的開始時間），如此一來，遞推時需要過濾一遍子問題的最佳
解。怎麼過濾呢？只能保留與正在考慮的講座「向前相容」的子問題最佳解。何
謂「向前相容」？就是子問題最佳解的講座結束時間，早於父問題講座（即目前
正在考慮的講座）的開始時間。

非常重要的一點，便是把講座按照結束時間進行排序（如圖 3-2）。排序作
業不是可有可無，而是必要的。為什麼？假設沒有按結束時間排序（或者按開始
時間排序），那麼，當連續處理 8 點到 10 點、14 點到 16 點、11 點到 12 點三
個講座時，前兩個講座就會形成一個 8 點到 16 點的「偽最佳解」，然後 11 點到
12 點的講座發現自己與這個「偽最佳解」不相容（實際上，這三個講座是相容
的）。

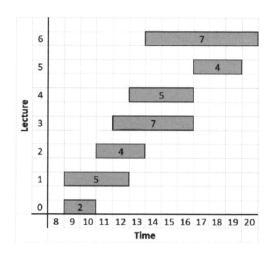

圖 3-2

有了之前的鋪墊，這次不再利用物件導向做為輔助，而是直接處理 lectures 二維陣列。使用字典作為最佳解快取的遞推版如下：

```
public class Main {
   public static void main(String[] args) {
      var lectures = new int[][]{{9, 2, 2}, {9, 4, 5}, {11, 3, 4},
         {12, 5, 7}, {13, 4, 5}, {17, 3, 4}, {14, 7, 7}};
      var maxScore = attend(lectures);
      System.out.println(maxScore);
   }

   public static int attend(int[][] lectures) {
      var optimal = new HashMap<Integer, Integer>();
      for (var lect : lectures) {
         int start = lect[0], end = start + lect[1] - 1, score =
                                                       lect[2];

         if (optimal.isEmpty()) {
            optimal.put(end, score);
```

```
            } else {
              var temp = new HashMap<>(optimal);
              for (var e : optimal.keySet()) {
                if (e >= start) continue; // 跳過不相容的子問題最佳解
                int ss = optimal.get(e) + score;
                if (!temp.containsKey(end) || ss > temp.get(end))
                    temp.put(end, ss);
              }

              if (!temp.containsKey(end) || score > temp.get(end))
                  temp.put(end, score);

              optimal = temp;
            }
        }

        var max = 0;
        for (var score : optimal.values())
          if (score > max) max = score;
        return max;
    }
}
```

稍為修改遞推版就能得到遞迴版。請注意：因為「向前相容」關係的存在，每個講座不再獨立，所以，只能讓「後面」的講座等待「前面」的最佳解都找出來後，再去碰撞選優。因此，底下遞迴函數接受的 i 值，必須是從後向前變化：

```
public class Main {
  public static void main(String[] args) {
    var lectures = new int[][]{{9, 2, 2}, {9, 4, 5}, {11, 3, 4},
      {12, 5, 7}, {13, 4, 5}, {17, 3, 4}, {14, 7, 7}};
```

```java
    var optimal = attend(lectures, lectures.length - 1);

    // 輸出：{16=10, 10=2, 19=14, 12=5, 20=13, 13=6}
    System.out.println(optimal);
  }

  public static Map<Integer, Integer> attend(int[][] lectures,
                                               int i) {
    if (i < 0) return new HashMap<>(); // 越界代價
    var lect = lectures[i];
    int start = lect[0], end = lect[1] + start - 1, score =
                                                      lect[2];
    var subOptimal = attend(lectures, i - 1);
    var optimal = new HashMap<>(subOptimal);
    if (optimal.isEmpty()) {
      optimal.put(end, score);
    } else {
      for (var e : subOptimal.keySet()) {
        if (e >= start) continue;
        var ss = subOptimal.get(e) + score;
        if (!optimal.containsKey(end) || ss > optimal.get(end))
          optimal.put(end, ss);
      }

      if (!optimal.containsKey(end) || score > optimal.get(end))
        optimal.put(end, score);

    }

    return optimal;
  }
}
```

最經典的「白板表格推演」版，自然也是少不了：

```java
public static int attend(int[][] lectures) {

    // 快取子陣列的長度（表格寬度），由最後一個結束時間決定
    var lastStart = lectures[lectures.length - 1][0];
    var lastEnd = lastStart + lectures[lectures.length - 1][1] - 1;
    var optimal = new int[lectures.length][lastEnd + 1];

    // 初始化表格的第1列
    var firstStart = lectures[0][0];
    var firstEnd = firstStart + lectures[0][1] - 1;
    var firstScore = lectures[0][2];
    optimal[0][firstEnd] = firstScore;

    // 白板表格推演
    for (int i = 1; i < lectures.length; i++) {
        var lect = lectures[i];
        int start = lect[0], end = start + lect[1] - 1, score =
                                                    lect[2];
        System.arraycopy(optimal[i - 1], 0, optimal[i], 0, lastEnd
                                                    + 1);
        for (var e = 0; e <= lastEnd; e++) {// 子陣列的索引就是結束時間
            if (e >= start) continue; // 跳過不相容的子問題最佳解
            int ss = optimal[i - 1][e] + score;
            if (ss > optimal[i][end])
                optimal[i][end] = ss;
        }

        if (score > optimal[i][end])
            optimal[i][end] = score;
    }
```

```
    // 取出結果
    var max = 0;
    for (var score : optimal[lectures.length - 1])
        if (score > max) max = score;
    return max;
}
```

如果真在白板上畫表格推演，那麼推演出來的結果大致會是這樣（灰色格子表示發生過碰撞取優）：

		End																			
		0	1	2	3	4	5	6	7	8	9	10	11	12	13	14	15	16	17	18	19	20
Lectures	0											2										
	1											2		5								
	2											2		5	6							
	3											2		5	6				9			
	4											2		5	6				10			
	5											2		5	6				10		14	
	6											2		5	6				10		14	13

圖 3-3

因為例子中恰好有一次碰撞取優，而取優的發生是因為 {12, 5, 7} 這個講座恰好排在 {13, 4, 5} 前面。由於這兩個講座的結束時間一樣，所以誰在前、誰在後都可以。如果把這兩個講座在陣列裡的位置調換一下，那麼碰撞還會發生，但因為子級最佳解更優，值便不會有變化（不會有灰格子）。另外，真實的白板上應該不會出現從 0 到 9 的結束時間，因為最早結束的講座也是結束在 10 點。

思考題

動態規劃的「經典問題」很多，除了前文提及這些「經典中的經典」之外，還有幾個耳熟能詳的題目，也經常出沒於大大小小的面試與競賽中。例如，前面提到的「最長升冪序列」就是其中的一道。

題目如下：給定一個隨機的 int[]，請找出其中最長的升冪序列的長度，序列中的元素可以是不相鄰的。例如：{1, 2, 3, -2, -1, 0, 2, 1, 4, 5, 3} 這個陣列，最長的升冪序列長度是 6，由 {-2, -1, 0, 2, 4, 5} 或 {-2, -1, 0, 1, 4, 5} 組成。請問，能夠都用遞推（滑動字典法）和遞迴兩種方法求解嗎？（注：這道題的有趣之處在於─從前向後的最長升冪序列，正好是從後向前的最長降冪序列，所以，這道題的遞迴解法經常會讓人卡住。）

3.4 動態規劃哲思

一塊磚算不算建築？

從工程學的角度來說，不算；但從哲學的角度來說，算。

一個變數算不算資料結構？

從工程學的角度來說，不算；但從哲學的角度來說，算。

Fibonacci 數列算不算動態規劃？不算？那為什麼很多書籍要用它引出動態規劃的概念呢？求解 Fibonacci 數列的時候，可以用遞推，或者是遞迴；遞迴的時候也有子問題重疊，為了免費重複求解子問題還能加上快取─這與動態規劃的解題方法別無二致嘛！

　　事實呢？動態規劃的初衷，是希望透過子問題的解進行碰撞取優，再於子問題的最佳解上建構出更高層的最佳解。換句話說，動態規劃的靈魂是按照某個價值取向求最佳解。而 Fibonacci 數列則是把兩個子問題的解進行相加—並不是碰撞取優。而且，Fibonacci 數列也不是在求某個極值。因此，針對 Fibonacci 數列的求解，只是有動態規劃的軀殼和樣子，而沒有動態規劃的靈魂和意圖。如果有人非說「求和也是碰撞啊」、「求出來的和就是唯一的解，它就是最佳的」、「動態規劃未必一定取優」……那筆者只能說—「Fibonacci 數列算不算動態規劃」，大概也是個哲學問題吧！

　　動態規劃是一種解題觀念，而非解題形式。

▶ 演算法洞見：遞推與遞迴

演算法皇冠上的明珠

　　排序（sorting）的作用是讓一組資料在某個價值維度上，按照某種取向（規則）形成一個順序。有了順序後，元素之間就確定了位於這個價值維度的先後關係。基於此先後關係，便可設計出很多非常有效的演算法，這就是為什麼排序稱得上是「演算法皇冠上的明珠」，因為它實在是太重要了。

　　有些資料天生就帶有順序，例如陣列或 ArrayList<E> 的索引；有些則需要用演算法來排序，像是一組隨機的整數。有些資料類型天生就帶有可排序的屬性（價值取向），例如整數，可以排序其值；而有些資料需要為它設計可排序的屬性和規劃。例如，先建立一個 Book 類別，程式還不知道如何為一組 Book 實例排序，這時候必須告訴程式是按照書籍的 ISBN、評分、出版日期，或者是價格排序，是從低到高、還是從高到低排序。為了實作這些自訂的排序規則，往往要求資料類型需實作 Comparable<T> 介面，或者編寫一個「外部」排序器，並讓它實作 Comparator<T> 介面。

如果深入資料結構在記憶體的佈局，將會發現，表徵有序的資料在記憶體中，未必是按照序列儲存。例如，表徵上有序的陣列和 ArrayList<E> 元素，在記憶體的確也是有序的；但 PriorityQueue<E> 或 TreeMap<K,V> 的資料，在記憶體中則分別以堆積（heap）和自平衡二元搜尋樹（self-balanced binary search tree，self-balanced BST）的形式儲存。換句話說，它們的元素在記憶體的儲存位置相當「隨機」─這些資料結構的「有序」，僅僅是在查詢時表現出來的「表徵有序」（注：詳述於本章）。另外，並不是所有的資料結構都需要有序，畢竟，排序是有成本的，所以，像 HashSet<E>、HashMap<K, V> 這些資料結構，只保證可迭代性而非內部元素的順序。如果既想使用 Set<E> 或 Map<K, V> 的 API，又希望其中的資料有序，那麼應該關注那些以「Sorted-」前綴作為開頭的資料結構，諸如：SortedSet<E> 和 SortedMap<K, V>。

4.1 遊樂園：O(n^2) 的簡單排序

印象中學過的第一個演算法叫「泡沫排序」（bubble sort），後來才發現一直以來寫的都是「選擇排序」（selection sort）的程式碼一張冠李戴了。選擇排序、泡沫排序、插入排序（insertion sort），三者可說是最經典的入門演算法一邏輯很簡單，但效率很低（O(n^2) 的時間複雜度）。這一小節將利用遞推和遞迴兩種方式來實作。藉由遞迴來實作，單純只是為了練習撰寫程式，或者說是一種娛樂。

選擇排序

選擇排序是一種「大開大合」的排序方式，遞推版的程式碼由一對巢狀、從前向後掃描的迴圈組成。外層迴圈完成一次，稱之為「一趟」一每「趟」都會

找出排序段裡最小的元素，並放在段首。所以，如果想找一組整數裡最小的三個，利用選擇排序跑三「趟」，再取前三個元素即可。之所以說選擇排序「大開大合」，是因為排序時元素的位置改變，有可能比較跳躍－排在前面的元素可能會交換到後面去，然後又交換回前面來……也正是因為元素有可能重複地前後折騰，才導致演算法效率的低下。演算法科學的一條真理就是：想提高效率就要減少重複。

選擇排序對元素的「折騰」，也讓它成為一個「不穩定排序」。那麼，什麼是排序的穩定性呢？假設有一組從左向右一字排開的資料，元素之間是有一個相對位置的－誰在誰的左邊（前面）、誰在誰的右邊（後面）。穩定排序指的就是把一個元素，從它的初始位置移動到應該去的位置後，其他元素之間的相對位置關係不變。舉個例子：{9, 8, 1, 4} 四個整數裡，1 最小，如果對 1 進行排序後，序列變成 {1, 9, 8, 4}，那這趟排序就稱為穩定。假如依此類推能完成整個排序，代表這個就是穩定的排序演算法。否則，如果對 1 排完序之後變成 {1, 8, 9, 4}，或者別的什麼非 {1, 9, 8, 4} 的順序，那麼此演算法肯定是個不穩定的演算法。請注意，一趟排序穩定不能證明演算法的穩定，要自始至終都穩定，才是一個穩定的排序演算法。

選擇排序的程式碼如下：

```java
public class SelectionSort {
    public static void main(String[] args) {
        int[] a1 = {4, 3, 2, 1}, a2 = {4, 3, 2, 1};
        selectionSort(a1);
        sort(a2, 0);
    }

    // 元素交換位置
    public static void swap(int[] a, int li, int hi) {
```

```
      int temp = a[li]; a[li] = a[hi]; a[hi] = temp;
  }


  // 遞推版
  public static void selectionSort(int[] a) {
     for (var li = 0; li < a.length - 1; li++)
        for (var hi = li + 1; hi < a.length; hi++)
           if (a[li] > a[hi]) swap(a, li, hi);
  }


  // 遞迴版（由下列兩個函數配合組成）
  public static int select(int[] a, int li, int hi) {
     if (li == hi) return li;
     int mi = li + (hi - li) / 2, p = select(a, li, mi), q =
                                     select(a, mi + 1, hi);
     return a[p] < a[q] ? p : q;
  }


  public static void sort(int[] a, int i) {
     if (i == a.length) return;
     var minAt = select(a, i, a.length - 1);
     if (minAt != i) swap(a, minAt, i);
     sort(a, i + 1);
  }
}
```

　　一定要熟記遞推版本。建議透過 debug 模式碼觀察元素在陣列中的位置跳
動，進而深入理解排序的穩定性。至於遞迴版，拿來娛樂、練習程式碼表達就
好。既然遞推版是雙迴圈，代表遞迴版一定得是雙遞迴才能等效。倘若在遞迴函
數裡巢套一個迴圈，味道就不夠純正了。不知道大家看懂遞迴版了嗎─select 函
數利用「二分法」遞迴，找到一段陣列中最小元素的索引，sort 則從前向後推動
排序的進行─只有這樣做才符合選擇排序的特性，換句話說，sort 遞迴幾層，陣

列中最小的幾個元素就會排序好。如果把 sort 的遞迴呼叫限制在 3 層，那麼執行程式後，陣列的前三個元素便會排序好，而且是陣列中最小的三個元素。

顯然，以遞推實作遞迴版的程式沒什麼實際意義，而且還需轉譯兩個遞迴函數。因此，用 Stack<E> 替代呼叫堆疊的遞推版就免了。

泡沫排序

說真的，與其叫「泡沫排序」，還不如叫「梳子排序」。泡沫排序的原理是：利用一對巢狀迴圈，外層迴圈執行一次叫「一趟」，內層迴圈則像一把梳子，每次都把這趟裡最大的元素「梳」到最後。也就是說，泡沫排序執行幾趟，就有幾個最大的元素按順序排到最後。因為內層迴圈在梳理元素時，可能會移動多個不同的元素，所以，泡沫排序也是個不穩定的排序演算法。程式碼如下：

```java
public class BubbleSort {
    public static void main(String[] args) {
        int[] a1 = {4, 3, 2, 1}, a2 = {4, 3, 2, 1};
        bubbleSort(a1);
        sort(a2, a2.length - 1);
    }

    // 交換元素位置
    public static void swap(int[] a, int li, int hi) {
        int temp = a[li]; a[li] = a[hi]; a[hi] = temp;
    }

    // 遞推版
    public static void bubbleSort(int[] a) {
        for (var hi = a.length - 1; hi >= 0; hi--)
            for (var li = 0; li < hi; li++)
```

```
            if (a[li] > a[hi]) swap(a, li, hi);
    }


    // 遞迴版（由下列兩個函數配合而成）
    public static void bubble(int[] a, int i) {
        if (i == 0) return;
        bubble(a, i - 1);
        if (a[i] < a[i - 1]) swap(a, i, i - 1);
    }


    public static void sort(int[] a, int i) {
        if (i == 0) return;
        bubble(a, i);
        sort(a, i - 1);
    }
}
```

　　相較選擇排序，泡沫排序的外層迴圈是從後向前推進，內層迴圈則每次都是從頭開始。遞迴版中，bubble 函數負責將某段的最大元素，置放於該段的末尾；而 sort 函數則負責從後向前，逐漸縮短需要梳理的子段，每梳理一次，本段最大的元素就放到正確的位置。請注意，bubble 與 sort 兩個函數的配合—排序的實質工作由 bubble 函數負責，sort 函數只是以恰當的順序不斷地呼叫 bubble 函數，而這個「恰當的順序」，是依靠 sort 函數對自己的遞迴呼叫來完成。這種模式（pattern）很重要，後面的「快速排序」（quicksort）還會遇到，建議大家先理解清楚其原理。

插入排序

　　插入排序是三個經典 $O(n^2)$ 排序中程式碼最複雜的一個，為了能夠更好地理解它的原理，先列出程式碼：

```
public class InsertionSort {
    public static void main(String[] args) {
        int[] a1 = {4, 3, 3, 2, 1};
        insertionSort(a1);
    }

    // 遞推版
    public static void insertionSort(int[] a) {
        for (var hi = 1; hi < a.length; hi++) {
            int val = a[hi], li = 0, i = hi;
            while (li < hi && a[li] < val) li++;
            while (i-- > li) a[i + 1] = a[i];
            a[li] = val;
        }
    }
}
```

　　由此得知，它由兩個內層的 while 迴圈（兩個 while 迴圈同級別、不巢套），以及一個外層的 for 迴圈組成。外層的 for 迴圈以迴圈變數 hi 標記陣列從頭到 hi 處的一段。此處把放在段尾（亦即 hi 處）的值「抓出來」、存放於變數 val。然後，利用第一個 while 迴圈把迴圈變數 li，推到第一個大於或等於 val 值所在的位置（li 最多與 hi 重合），這時，相當於 li 以左的值（如果有）都比 val 小。接著，再用第二個 while 迴圈把從 li 到 hi - 1 的一段，整體向右平移一個元素，相當於在 li 處為 val 值留出一個「空檔」。最後，把 val 值放到 li 處，由此完成一趟插入。外層 for 迴圈的迴圈變數 hi 每「++」一次，都會「吃進」一個新的待插入元素，而該元素之前的一段元素已經排序好。當外層 for 迴圈結束的時候，代表整個陣列排序完成。

　　插入排序每趟只有被插入的元素會產生跳躍，其他需要移動的元素都是整段平移，所以，插入排序是一個穩定的排序。由於插入排序的遞迴版程式碼實在不夠優雅，因此就不實作了。

4.2 以空間換取時間：合併排序

設計演算法的時候，經常會發現，適當地增加輔助記憶體空間能夠減少重複的運算，進而提高演算法的效率。例如，利用快取記錄子問題的最佳解，便可避免子問題的重複計算，藉以提高遞迴式動態規劃程式碼的效率。這一節將學習一個使用輔助記憶體的排序演算法—合併排序（merge sort）。當然，（記憶體）空間也是一種成本，因此，設計一種演算法時，必須同時考慮它的空間複雜度和時間複雜度，然後評估電腦的記憶體是否允許這樣的空間複雜度，以及這樣的時間複雜度能否在允許的時間內產出結果。

合併排序的原理十分簡單：假設陣列從 li 到 hi 的一段上，li 到 mi 已經排序好，mi + 1 到 hi 也是（mi 介於 li 和 hi 之間），那麼，將 li 到 mi 與 mi + 1 到 hi 兩段歸並（merger，即合併）到一起，代表從 li 到 hi 一整段也完成排序。例如，陣列 int[] a = {1, 3, 5, 2, 4, 6, -1}，把 a[0] 到 a[5] 視為一段，那麼 a[0] 到 a[2] 是排序好的（1、3、5），a[3] 到 a[5] 也是排序好的（2、4、6），如果合併兩個子段，表示從 a[0] 到 a[5] 也排列完成，整個陣列看起來就是 {1, 2, 3, 4, 5, 6, -1}。請注意，合併的時候，一般只關心段內的資料。而且，mi 不一定非得是一段資料的正中，只要由它分開的左右兩段都排序好就行。

用於合併的邏輯實作如下：

```
public static void merge(int[] a, int[] b, int li, int mi, int
                                                          hi) {
  for (int i = li, p = li, q = mi + 1; i <= hi; i++)
    if (p <= li && q <= hi)
      b[i] = a[p] < a[q] ? a[p++] : a[q++];
    else if (p > mi)
      b[i] = a[q++];
```

```
    else if (q > hi) // if可省略
        b[i] = a[p++];

    for (int i = li; i <= hi; i++) a[i] = b[i]; // 或呼叫arraycopy
}
```

merge 函數，參數 int[] a 參照的是待合併的陣列，而參數 int[] b 則參照一個與 a 等長、扮演輔助作用的陣列。合併時，把 b 參照的陣列當作目標，先將資料歸併過去，然後再 copy 回由 a 參照的陣列裡。另外，獨處一行的後置「++」操作看起來很突兀，囉嗦又不美觀，於是把它們都壓縮到設定語句裡面。

有了合併函數，合併排序便已經完成一大半，剩下的只有選擇以遞推還是遞迴的方式，完成整個陣列的分段與歸併。遞推方式的原理是：先把整個陣列視為兩個元素一段，然後對每段進行歸併；再把陣列視為四個元素一段，對每段進行歸併……每推進一輪，每段長度翻倍，直到每段長度的一半大於陣列長度。程式碼如下：

```
public static void sort(int[] a) {
    var b = new int[a.length];
    for (var halfSegLen = 1; halfSegLen < a.length; halfSegLen *=
                                                                2) {
        for (var li = 0; li < a.length; li += halfSegLen * 2) {
            int mi = li + halfSegLen - 1, hi = li + halfSegLen * 2 - 1;
            if (mi > a.length - 1) break;
            if (hi > a.length - 1) hi = a.length - 1;
            merge(a, b, li, mi, hi);
        }
    }
}
```

遞迴版的程式碼則是應用「分治法」（divide and conquer，D&C）的典型，它的原理是：把某段陣列從中間分為兩段，先對左邊一段進行排序，再對右邊一段進行排序，然後把左右兩段合併起來。當然，針對左右兩段的排序用的也是合併排序，這樣一來，一個遞迴呼叫就完成了。程式碼如下：

```java
// 包裝器
public static void sort(int[] a) {
    var b = new int[a.length];
    sort(a, b, 0, a.length - 1);
}

// 核心演算法（建議用private修飾子）
public static void sort(int[] a, int[] b, int li, int hi) {
    if (li == hi) return;
    var mi = li + (hi - li) / 2;
    sort(a, b, li, mi);
    sort(a, b, mi + 1, hi);
    merge(a, b, li, mi, hi);
}
```

如果偵錯合併排序的程式碼，畫出每個元素在陣列的移動軌跡，將發現一雖然元素從初始位置到最終該去的位置不是「一步到位」（能讓每個元素都一步到位的是「魔法」而非「演算法」），但元素總是向著該去的方向移動，而不是像 $O(n^2)$ 的演算法那般來回跳躍。正因為省去來回跳躍的重複操作，合併排序的效率也提高到 $O(n\log n)$。（注：話說回來，假設明確地知道資料的取值範圍，而且範圍不是很大，還真有一種演算法可以做到以 $O(n)$ 的時間和空間進行排序，您知道是哪種演算法嗎？）

4.3 看運氣的快速排序

既然讓排序提速的秘訣是不重複移動元素，有沒有什麼辦法既不重複移動元素，又不使用輔助記憶體呢？答案是：有的！而且不止一種。這一節先來看看大名鼎鼎的「快速排序」（quicksort）。

中國有句古話，叫「盛名之下，其實難副」，「快速排序」就是一個典型。為什麼這麼説呢？之所以叫「快速排序」，是因為相對於那些 O(n^2) 時間複雜度的演算法而言，它的確很快，時間複雜度與合併排序一樣，是 O(nlogn)。但與合併排序相較下，它又不需要額外的輔助記憶體，所以自然受人歡迎、聲名遠揚。但問題是，它的「快速」是有條件的一在最壞的情況下，時間複雜度竟然是 O(n^2) ！這到底是怎麼回事呢？

快速排序的觀念其實很簡單：在待排序的陣列取一段，把該段的第一個元素當作支點（pivot）值，然後想辦法把這段中所有小於支點值的元素，都搬到支點值的左邊，所有大於支點值的元素，都挪到支點值的右邊。如此一來，支點值就處於最終該在的位置一這一步稱為「分區」（partition）。然後，把支點值以左的元素和支點值、以右的元素各看作一段，繼續（遞迴地）分區操作，直到再也沒有可以操作的更小段。這樣，被選取的分段便排序完成。當然，如果選取的是整個陣列，代表該陣列就排序好了。

程式碼也特別簡單：

```java
public class Main {
  public static void main(String[] args) {
    int[] a = {3, 2, 1, 1, 2, 3};
    sort(a, 0, a.length - 1); // {1, 1, 2, 2, 3, 3}
  }
```

```
public static void swap(int[] a, int li, int hi) {
    var temp = a[li]; a[li] = a[hi]; a[hi] = temp;
}

public static int partition(int[] a, int li, int hi) {
    if (li > hi) return -1;
    if (li == hi) return li;
    int p = li + 1, q = hi;
    while (true) {
        while (p < q && a[p] < a[li]) p++;
        while (p < q && a[q] >= a[li]) q--;
        if (p == q) break;
        swap(a, p, q);
    }

    int pivotAt = a[p] < a[li] ? p : p - 1;
    swap(a, li, pivotAt); // 把支點值調換到該去的位置
    return pivotAt;
}

public static void sort(int[] a, int li, int hi) {
    var pivotAt = partition(a, li, hi);
    if (pivotAt == -1) return;
    sort(a, li, pivotAt - 1);
    sort(a, pivotAt + 1, hi);
}
}
```

顯然，快速排序是基於「分治法」。「分治法」的「分」（divide），指的是把目前處理的資料集分割為若干子集—子集之間沒有交集；而「治」（conquer）指的則是以某種邏輯處理每個切分出來的子集。「分治法」和「二分法」都有一個

「分」字，但並不完全相同。「分治法」的「分」是一個比較廣泛的概念，只要資料集被切分就算，至於是切分成兩個還是多個子集、每個子集的大小是不是均等……這些都沒有要求。而「二分法」的「分」則暗含「等分」的意思，所以，「二分法」一般都是將資料二等分。

以快速排序來說，它的「治」體現在 partition 函數，而「分」則體現於 sort 函數。切分資料時，實際上是把資料切成三份—已經在正確位置的支點值、支點值以左的部分、支點值以右的部分；此外，通常無法保證支點值左右兩邊的部分大小相等。正因為這一點，所以快速排序也不能保證總是能以 O(nlogn) 的效率完成運算。當待排序的資料隨機性比較好的時候，快速排序的效率能達到 O(nlogn)，因為比支點值大的值，和比支點值小的值個數差不多。但如果待排序的資料本身就已排序好—無論是升冪或降冪—那麼快速排序的效率便降到 O(n^2)，並且還有呼叫堆疊溢出的風險。至於如何避免這些風險，人們已經找出許多行之有效的辦法，不過，那屬於另外的故事。

既然遞迴版的快速排序有呼叫堆疊溢出的風險，不妨改用 Stack<E> 資料結構代替呼叫堆疊，保留快速排序「分治法」的遞迴觀念，但以遞推（迴圈）程式碼來實作：

```java
public static void sort(int[] a) {
    var stack = new Stack<Integer>();
    stack.push(0);
    stack.push(a.length - 1);
    while (!stack.isEmpty()) {
        int hi = stack.pop(), li = stack.pop();
        int pivotAt = partition(a, li, hi);
        if (pivotAt == -1) continue;
        stack.push(li);
        stack.push(pivotAt - 1);
```

```
      stack.push(pivotAt + 1);
      stack.push(hi);
   }
}


// 另一版partition程式碼，來自於《演算法導論》
public static int partition(int[] a, int li, int hi) {
   if (li > hi) return -1;
   int pivot = a[hi], slow = li - 1;
   for (int fast = li; fast < hi; fast++) {
      if (a[fast] > pivot) continue;
      swap(a, ++slow, fast);
   }

   int pivotAt = slow + 1;
   swap(a, pivotAt, hi);
   return pivotAt;
}
```

　　實作上述程式碼的時候，別忘了堆疊的「後進先出」規律，不要把 li 和 hi 的值弄錯。當然，也可以利用一個雙元素的 int[]，或者自訂一個類別儲存 li 和 hi 的值，但通常效能上會有點兒浪費。

4.4 兩全其美：堆積排序

　　那麼，有沒有一種排序演算法，既不要求輔助空間，也不用「看運氣」就能達到 O(nlogn) 的時間複雜度呢？有！它就是本節準備研習的「堆積排序」（heapsort）。

什麼是「堆積」

　　既然叫「堆積排序」，必然要先瞭解一下什麼是「堆積」（heap）。「堆積」到底是不是一種資料結構，這個界線比較模糊，往往要根據上下文來確定。一般說「堆積排序」的時候，實際上指的是把待排序的陣列「看作」一個堆積，然後利用堆積裡元素之間的關係進行排序—並非「用堆積對陣列排序」的意思。而一旦說「優先佇列（priority queue）實際上就是堆積」時，這裡的「堆積」指的就是資料結構，因為除了內部的資料外，它還有一系列專屬的 API。

　　「堆積」資料結構的核心是一個「堆積化」的陣列。所謂「堆積化的陣列」，指的就是：

- 忽略陣列的第一個元素（即索引為 0 的元素）。
- 從索引為 1 的元素開始，把每個元素都看作二元樹的一個節點。
- 父子節點之間的關係是：
  - 當父節點的索引為 i 時，左孩子的索引為 i * 2，右孩子的索引為 i * 2 + 1。
  - 當子節點的索引為 i 時，無論它是左孩子還是右孩子，父節點的索引均為 i/2。
- 可以把堆積視為一棵「完全二元樹」（complete binary tree），而陣列則是這棵完全二元樹逐層（即廣度優先）存取所產生的序列化結果。
- 當約束父子節點之間的大小關係後，便能得到兩種很重要的堆積：
  - 最大堆積（max-heap）：任何一個父節點的值都比其子節點（如果有）的值大—主要應用於堆積排序。
  - 最小堆積（min-heap）：任何一個父節點的值都比其子節點（如果有）的值小—主要應用於優先佇列。

個人感覺，前人把 max-heap 和 min-heap 譯為「最大堆積」和「最小堆積」十分地形象，比譯為「大根堆積」和「小根堆積」強多了。以下就是一個蘊含最大堆積的陣列，以及一個蘊含最小堆積的陣列：

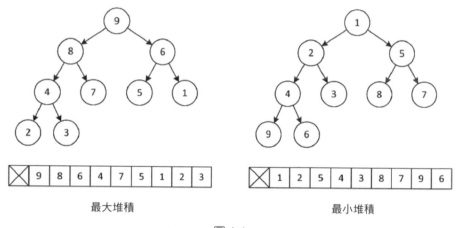

圖 4-1

關於「最大堆積」和「最小堆積」，這裡有幾個初學者容易忽略的地方：

（1）排好升 / 降冪的陣列是最小 / 最大堆積，但最小 / 最大堆積化的陣列不一定已排好升 / 降冪。

（2）最大堆積的根一定是陣列的最大值，而且是陣列索引為 1 的元素。

（3）最小堆積的根一定是陣列的最小值，而且是陣列索引為 1 的元素。

（4）最大 / 最小堆積只是約束父節點與子節點之間的大小關係，左右兩個孩子之間的大小關係並不固定。

（5）不要把最大 / 最小堆積與二元搜尋樹（binary search tree，BST）弄混，它們完全沒關係。

建構最大 / 最小堆積

任何一個陣列，如果放棄第一個元素，都可看成是一個堆積一但它不一定是最大 / 最小堆積。如果想把一個雜亂無章的堆積，整理成最大 / 最小堆積（注：這個過程稱為「堆積化」），只需要做兩件事情：

（1）寫一個演算法，能夠把較大 / 小的元素從根向葉子「下沉」（sink）。

（2）以從尾到頭的順序，把陣列的每個元素「下沉」一遍。

如果下沉的是較小的元素，那麼最終得到的是一個最大堆積，反之則是得到一個最小堆積。用於下沉元素的函數遞推版如下：

```
public static void swap(int[] a, int li, int hi) {
    var temp = a[li]; a[li] = a[hi]; a[hi] = temp;
}

public static void sinkSmall(int[] a, int i, int end) {
    while (i <= end) {
        int lci = i * 2, rci = i * 2 + 1, lvi = i;
        if (lci <= end && a[lci] > a[lvi]) lvi = lci;
        if (rci <= end && a[rci] > a[lvi]) lvi = rci;
        if (lvi == i) break;
        swap(a, i, lvi);
        i = lvi;
    }
}

public static void sinkLarge(int[] a, int i, int end) {
    while (i <= end) {
        int lci = i * 2, rci = i * 2 + 1, svi = i;
        if (lci <= end && a[lci] < a[svi]) svi = lci;
        if (rci <- end && a[rci] < a[svi]) svi = rci;
```

```
            if (svi == i) break;
            swap(a, i, svi);
            i = svi;
        }
    }
```

程式碼中，lci、rci、lvi 和 svi 分別是 left child index、right child index、large value index 和 small value index 的縮寫。下沉函數還可以安全地轉換為遞迴版一因為父子節點索引值乘 2 關係的存在，即使是海量的資料，堆積的高度也不會太大（堆積的資料容量一般相當大），因此，不用擔心呼叫堆疊會溢出：

```java
public static void swap(int[] a, int li, int hi) {
    var temp = a[li]; a[li] = a[hi]; a[hi] = temp;
}

public static void sinkSmall(int[] a, int i, int end) {
    int lci = i * 2, rci = i * 2 + 1, lvi = i;
    if (lci <= end && a[lci] > a[lvi]) lvi = lci;
    if (rci <= end && a[rci] > a[lvi]) lvi = rci;
    if (lvi == i) return;
    swap(a, i, lvi);
    sinkSmall(a, lvi, end);
}

public static void sinkLarge(int[] a, int i, int end) {
    int lci = i * 2, rci = i * 2 + 1, svi = i;
    if (lci <= end && a[lci] < a[svi]) svi = lci;
    if (rci <= end && a[rci] < a[svi]) svi = rci;
    if (svi == i) return;
    swap(a, i, svi);
    sinkLarge(a, svi, end);
}
```

在很多書籍裡，sinkSmall 和 sinkLarge 函數也稱為「heapify」函數，但這個名字聽起來多少有點誤導―讓人以為呼叫一次，陣列就被堆積化了。其實，下沉函數每執行一次，只能把一個元素沉降到它該去的位置。換句話說，「heapify」這個單詞的涵義是：對於一個已經成形的堆積，當它的根元素發生變化時，可以呼叫這個函數把新的根元素沉降到該去的位置，進而恢復和維護堆積的屬性。

如果想把整個陣列轉化成一個最大／最小堆積，便得對每個元素都呼叫一次下沉函數―而且必須按照從尾到頭（即從葉子到根）的順序―此過程也稱為「自下而上建構堆積」。當然，如果數學常識足夠牢固，就會發現陣列的後一半元素肯定都是葉子元素，所以從陣列的中點向前掃描也完全可以。此點很好證明：堆積上「最後一片葉子」一定是陣列的最後一個元素，假設該元素的索引是 n，按照父子節點索引值的關係，它的父節點，亦即最後一個有葉子的節點，索引值是 n/2。

自下而上建構堆積的程式碼如下：

```
public static void buildMaxHeap(int[] a) {
   var end = a.length - 1;
   for (var i = end / 2; i >= 1; i--)
      sinkSmall(a, i, end);
}

public static void buildMinHeap(int[] a) {
   var end = a.length - 1;
   for (var i = end / 2; i >= 1; i--)
      sinkLarge(a, i, end);
}
```

接著簡單測試一下這兩個函數。準備兩個陣列，int[] a = {0, 1, 2, 3, 4, 5, 6, 7} 和 int[] b = {0, 7, 6, 5, 4, 3, 2, 1}。在 a 上呼叫 buildMinHeap，陣列裡的值沒有改變，因為它已經是一個最小堆積；然後再於 a 上呼叫 buildMaxHeap，陣列裡的值變為 {7, 5, 6, 4, 2, 1, 3}。同理，在 b 上呼叫 buildMaxHeap，陣列裡的值不會改變，因為此時的陣列已經是一個最大堆積；然後再於 b 上呼叫 buildMinHeap，陣列中的值變為 {1, 3, 2, 4, 6, 7, 5}。

利用「最大堆積」進行原地排序

一旦手裡有了一個最大堆積，並且使用 sinkSmall 函數不斷「修復」這個最大堆積後，就能對容納這個最大堆積的陣列進行原地排序。所謂「原地排序」，指的就是直接在待排序的陣列上操作，不需要輔助空間。因此，快速排序也是原地排序，而合併排序則否。

因為最大堆積的根一定是堆積內最大的元素，而且一定處於陣列索引為 1 的位置，所以，堆積排序的觀念就是：把索引為 1 的元素，與陣列上成堆積段的最後一個元素對調，同時將該段的長度縮短 1。此時，陣列成堆積段中最大的元素就挪到該去的位置，但因為有一個較小的元素放在堆積的根上（索引為 1 的位置），表示堆積的屬性已被破壞，因此需要呼叫 sinkSmall 函數修復堆積。重複這兩個操作，並不斷地縮短陣列的成堆積段，直到索引值為 1 的元素，整個陣列便排序完成。（注：「成堆積段」指的是陣列上從索引值為 1，到索引值為 n 的一段符合最大 / 最小堆積的屬性。）

於是，sort 函數可以寫成：

```
public static void sort(int[] a) {
    buildMaxHeap(a); // 自下而上建堆積
```

```
   var end = a.length - 1;
   while (end > 1) {
      swap(a, 1, end--); // 調換值，並縮短成堆積段
      sinkSmall(a, 1, end); // 修復堆積
   }
}
```

利用「最小堆積」產生升冪陣列

如果把前一小節 sort 函數裡的 buildMaxHeap 替換成 buildMinHeap，保持迴圈邏輯不變，並不斷以 sinkLarge 修復堆積，便能在原地得到一個降冪排序的陣列。如果想得到一個升冪排序的陣列，就需要一個額外存放結果的陣列，程式碼如下：

```
public static int[] sort(int[] a) {
   buildMinHeap(a);
   var end = a.length - 1;
   var res = new int[a.length - 1];
   while (end >= 1) {
      res[res.length - end] = a[1];
      a[1] = a[end--];
      sinkLarge(a, 1, end);
   }

   return res;
}
```

思考題

如果有一個 liftSmall 函數，它能把給定索引的元素「上浮」到最小堆積中正確的位置：

```
public static void liftSmall(int[] a, int i) {
    while (i > 1) {
        if (a[i] < a[i / 2]) {
            swap(a, i / 2, i);
            i /= 2;
        }
    }
}
```

能否結合本節關於「最小堆積」的內容，實作一個簡單、擁有 offer 和 poll 方法的優先佇列類別 PriorityQueue？

05

搜尋：來而不往非禮也

　　有一種天體叫「黑洞」（black hole），任何物質放進這種天體裡，都別再想取出來—甚至連光都不例外。所以從外界觀察它的時候，它才表現為黑色的。倘若有一種資料結構，任何資料放進去都別再想取出來……這簡直不敢想像。別說是任何資料，哪怕有一個資料放進去後沒辦法再取出來，恐怕都沒人敢使用這種資料結構。換句話說，放進資料結構裡的資料，必須允許再取出來。取出資料的前提是它能夠被找到，而在資料結構中找尋目標資料的過程就叫做「搜尋」（search）。當然，譯為「搜索」也沒有問題，但「搜索」一詞多用於軟體工程，傳統的譯法一直都是「搜尋」。也有譯為「檢索」，但「檢索」一詞多與 index 對應，所以還是譯為「搜尋」吧！

　　資料結構經常被視為一個資料的容器，容器裡資料的操作一般只有四種，分別是：

- 增（create）：增加資料，包括對某個位置插入元素，以及批量增加 / 插入等。

- 刪（delete）：刪除資料，包括移除某個元素或者某個位置的元素，以及批量移除及清空等。

- 查（read）：存取資料，包括取得資料或探測資料是否存在等。

- 改（update）：修改資料，包括直接修改某個元素或者修改某個位置的元素等。

英文習慣上把這四種操作的首字母拼寫成一個單詞：CRUD。如果細心觀察，將發現搜尋操作遠比其他三種操作要頻繁—增加資料之前可能需要先搜尋一下，看看是否有潛在的衝突與重複；刪除和修改之前一定要檢查資料是否存在、存在於何處等。所以，搜尋演算法的效能會直接影響其他操作的效能，這就是為什麼需要特別關注這個演算法。

對於一組沒有規律的資料，從中搜尋某個資料的辦法只有一個，那就是巡訪（即窮舉）。如果對某個資料結構的搜尋是一次性的，那麼巡訪一次也無妨；但如果需要多次搜尋此資料結構，就得想辦法提高搜尋演算法的效能—排序就是一個非常好的選擇。以陣列為例，對於一個長度為 n 的未排序陣列來說，搜尋元素的時間複雜度是 O(n)；而對陣列排序的時間複雜度是 O(nlogn)，之後再搜尋元素時就可以使用「二分法」，而「二分法」的時間複雜度只有 O(lgn)。如果進行 n 次搜尋的話，在未排序陣列上的時間複雜度就成了 O(n*n) = O(n^2)，而在排序的陣列上則是 O(nlogn) + n*O(logn) = O(nlogn)，效能的差別十分巨大。

排序可以提高搜尋的效率，但提高搜尋的效率不一定非得排序不可—還有很多功能強大的資料結構可供選擇，例如二元搜尋樹（binary search tree）、伸展樹（splay tree）、字典（dictionary）、集合（set）、併查集（union-find）、線段樹（segment tree）、字典樹（trie）等。

本章先來體驗「二分搜尋」的便捷與速度，然後介紹兩種樹狀的搜尋型資料結構—線段樹和字典樹。最後，為了給下一章的圖演算法做鋪墊，再來學習專門用來搜尋元素間從屬關係的資料結構—併查集。

眾多資料結構中，字典和自平衡搜尋二元樹可以稱得上是最精妙的兩個，只是礙於本書的篇幅和方向，無法把它們展現出來。十分推薦大家能夠像對待工藝品一般親手實作一下，一定會從中學習到很多演算法方面的精髓。這方面的著作很多，仍然是首推《演算法》和《演算法導論》。閱讀時，請注意分辨這兩本書在細節上的差異。

5.1 二分搜尋

二分搜尋（binary search）的原理十分簡單：在一組資料中查看是否包含某個值 t 的時候，可以從這組資料先取出一個值 v，然後把比 v 小的值劃為一組，把比 v 大的值劃為另一組。如果 v 正好等於 t，就宣佈找到，否則，如果 t 比 v 小，便拋棄值比 v 大的一組，到值比 v 小的一組繼續找；反之，如果 t 比 v 大，就拋棄值比 v 小的一組，到值比 v 大的一組尋找 重複上面的操作，直至找到目標值 t，或者陣列分組為空（t 不存在）。顯然，如果能做到以下兩點，那麼二分搜尋將非常快：

（1）每次從資料集取出來的值，都是資料集的中間值（至少近似）。
（2）資料集的資料可以快速地劃分成比中間值小的一組，以及比中間值大的一組。

如果能做到這兩點，那麼在搜尋目標值的時候，每次都可以拋棄一半不可能包含目標值的資料。因此，二分搜尋演算法的時間複雜度就能提高到 O(lgn)。一

般情況下，當我們說「二分搜尋」時，預設指的便是能滿足這兩點、O(lgn) 時間複雜度的二分搜尋。同時，還要儘量避免在不能滿足這兩點的資料集上，進行二分搜尋的操作。

那麼，什麼樣的資料集能夠滿足這兩點要求呢？一種是排好序、有索引的資料，例如排好序的陣列、ArrayList<E> 等—有索引可以方便地找到某一段的中點（亦即中間值），排序使得中點左邊的值都比中點值小，而中點右邊的值都比中點值大。另一種是平衡的二元搜尋樹—對於任何一棵子樹來說，它的根都是中間值，根的左子樹上的值都比根的值小，根的右子樹上的值都比根的值大，而且左子樹與右子樹的節點數大致相等。

在已排序的陣列上

在面試和競賽解題的時候，一般常說「排序與二分搜尋是一對」，所以，當資料規模沒有大到不允許先排序時，思路上肯定會先嘗試一下「排序 + 二分」。道理很簡單，一次 O(nlogn) 的排序之後，再多次的 O(logn) 的二分搜尋也不會拖慢太多效能。

當一個陣列已經排好序後（注：排序預設為升冪），在上面利用二分法搜尋一個值是否存在的遞推程式碼如下：

```java
public static int search(int[] a, int target) {
    if (a == null || a.length == 0) return -1;
    int li = 0, hi = a.length - 1;
    while (li <= hi) {
        int mi = li + (hi - li) / 2;
        if (a[mi] > target) hi = mi - 1;
        else if (a[mi] < target) li = mi + 1;
        else return mi; // a[mi] == target
```

```
    }

    return -1;
}
```

當目標值存在的時候，便返回它在陣列上的索引，否則返回 -1。請注意，對於 C 系語言來説，-1 是個不存在的陣列索引，但對於 Python、PowerShell 等語言來説，-1 表示最後一個元素的索引。所以，雖然説「演算法（觀念）是獨立於任何程式語言」，但實作一種演算法的時候，還是要考慮手中工具的工程性細節。

使用遞迴程式碼，一樣可以實作「每次丟一半」的二分搜尋：

```
public static int search(int[] a, int li, int hi, int target) {
    if (li > hi) return -1;
    int mi = li + (hi - li) / 2;
    if (a[mi] > target) return search(a, li, mi - 1, target);
    if (a[mi] < target) return search(a, mi + 1, hi, target);
    return mi;
}
```

因為每層遞迴取的都是搜尋子段上的中點，所以，遞迴的深度不會超過 logn。即使是超大的資料規模，logn 也不會很大。因此，對於二分搜尋來説，可以放心地使用遞迴，而不用擔心呼叫堆疊溢出的問題。

在平衡二元搜尋樹上

不知是否還記得早在第 1 章就建構出來的這棵樹：

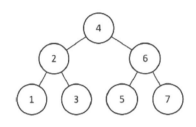

圖 5-1

　　它是一棵「二元搜尋樹」（binary search tree，BST，別問為什麼在這裡又譯為「搜尋」而不是「查找」，應該是押韻的問題）。想必大家都已熟知二元搜尋樹的屬性一對於任何一個節點 r 來說，其左子樹上節點的值都比 r 的值小，其右子樹上節點的值都比 r 的值大（注：空節點、空子樹除外）。這棵樹不但是二元搜尋樹，而且還是棵平衡（balanced）的二元搜尋樹。所謂「平衡」，指的是對於任何一個節點來說，它的左右兩個子樹上的節點個數都大致相等。為什麼是「大致相等」呢？因為除非樹上的節點個數是 2^n-1，不然根本不可能做到絕對平衡一例如 4 個節點，如何讓它絕對平衡？

　　關於「大致平衡」，不同的二元搜尋樹實作方法有不同的定義。例如，紅黑樹（red-black tree）依靠左右子樹上黑色節點的個數判定是否平衡；AVL 樹（Adelson-Velsky and Landis tree）則是依靠左右子樹的樹高判定是否平衡等等。紅黑樹和 AVL 樹都是「自平衡二元搜尋樹」，也就是說，當對這兩種資料結構不停地增加或者刪除元素時，它們能夠透過精巧的內部演算法維持樹的大致平衡。十分建議大家能夠親手實作紅黑樹和 AVL 樹，它們的內部演算法（即樹的旋轉）真的是很美、很精巧、很有禪意。實作自平衡二元樹是一種磨煉，對程式設計能力有極大的提升一它們並不難，但需要比較大的耐心與細心，這正是程式人員不可或缺的軟實力。

　　為什麼「平衡」如此重要呢？因為如果一棵二元搜尋樹不平衡的話，二分搜尋就不能達到「每次拋棄一半不合理資料」的目標，亦即不可能達到 O(logn) 的

效能。例如，很容易建構出一棵不平衡的二元搜尋樹一一棵二元搜尋樹的節點都只有左孩子，而且每個左孩子的值都比父節點的值小；或者讓一棵二元搜尋樹的節點都只有右孩子，而且每個右孩子的值都比父節點的值大一它們仍然滿足二元搜尋樹的定義，但於其上做二分搜尋時，效能卻又回落到 O(n)一相當於從頭到尾迭代一遍。

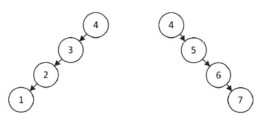

不平衡的二元搜尋樹

圖 5-2

一旦手中有一棵二元搜尋樹的時候，就可以使用下面的遞推和遞迴程式碼搜尋目標值。但與陣列不同，樹上的節點沒有索引，因此，搜尋的結果只可能是 true 或 false 兩種值，表示找到或者目標值不存在：

```
// 遞推版
public static boolean search(Node root, int target) {
    if (root == null) return false;
    while (root != null) {
        if (root.val > target) root = root.left;
        else if (root.val < target) root = root.right;
        else return true; // found
    }

    return false;
}
```

```
// 遞迴版：小心不平衡二元搜尋樹帶來的呼叫堆疊溢出風險
public static boolean search(Node root, int target) {
    if (root == null) return false;
    if (root.val > target) return search(root.left, target);
    if (root.val < target) return search(root.right, target);
    return true;
}
```

5.2 線段樹：化繁為簡

耐心是一種美德。有時候之所以失去耐心，是因為經常被要求做一些價值不高的重複性工作，在這種情況下，與其失去耐心，不如開動智慧、改善工作流程一想想有沒有什麼一勞永逸的辦法可以減少重複勞動、提高工作效率。例如，學習動態規劃時引入了「快取」的概念，它可以很好地避免重複計算子問題。快取的原理是：只要某個事情做過一遍，就記住它的結果，下次再做完全一樣的事情時，便直接告知結果。但「重複勞動」還有另外一種情況，那就是：每次要做的事情都差不多，但條件不完全一樣，此時快取就顯得力不從心了。

舉個例子：給定一個陣列，值是隨機且沒有排序，需要頻繁地查詢陣列上子段的和，例如「從索引 1 到索引 3 的和」、「從索引 2 到索引 6 的和」等。如果每次都得計算，代表效能很低。但使用快取的話，「命中率」又可能很低一例如每次查詢的子段都不一樣，那麼快取的命中率就變成 0。

陣列的「子段和」是一個可歸併的統計值。所謂「可歸併」，指的是把相鄰兩個子段合併成一個新的子段後，新子段的和就是之前兩個子段和的和一不必重新計算。類似的統計值還有最大值、最小值。只要有子段和，平均值也不是問

題。但像中位數、變異數等統計值，就不能簡單歸併，當兩個相鄰子段合併的時候，這些值也要重新計算。當需要在一個陣列頻繁查詢子段的可歸併統計值時，「線段數」將帶來極大的便利。

「線段樹」（segment tree），乍聽起來像是計算幾何學的東西，其實完全是翻譯的問題。Segment 一詞，指的就是陣列上的子段，其實譯為「片段樹」會更直白一些（注：「段樹」不好聽，譯做「子段樹」有失偏頗，畢竟英文沒有 sub-詞根）。估計當初的譯者是採納 segment 這個詞的「線段」譯文—如果把陣列的值看做 x 軸上的點，那麼兩個值之間的子段稱為「線段」，似乎也不能算錯。

那麼，什麼是線段樹呢？與其他資料結構不同，線段樹是一個實踐性很強的資料結構，所以，單純地介紹其原理多半會讓人感覺雲裡霧裡。因此，本節將從「建構」和「查詢」兩個方面切入，也就是從實踐入于—先程式設計、後講道理。

建構線段樹

以陣列 int[] a = {20, 50, 30, 40, 10, 60}; 為例，準備建構線段樹。

首先，宣告線段樹的節點類別 Segment：

```java
public class Segment {
    public int from;
    public int to;
    public int sum;
    public Segment left;
    public Segment right;

    public Segment(int from, int to, int sum, Segment left,
                                            Segment right) {
```

```
        this.from = from;
        this.to = to;
        this.sum = sum;
        this.left = left;
        this.right = right;
    }
}
```

這個節點類別很直白—三個欄位分別記錄陣列上某個子段的起、止索引與子段和。子段由左右兩個孩子合併而來，建構子可以協助為五個欄位設定初始值。

有了節點類別，便可把陣列建構成線段樹。線段樹一定是自下而上，但可以選擇是以遞推還是遞迴來實作。首先來看遞推的程式碼（有沒有感覺它帶著遞推版合併排序的味道？）：

```
public static Segment buildTree(int[] a) {
    var nodes = new ArrayList<Segment>();
    for (int i = 0; i < a.length; i++) // 建構最底層
        nodes.add(new Segment(i, i, a[i], null, null));

    while (nodes.size() > 1) {
        var temp = new ArrayList<Segment>();
        for (int i = 0; i < nodes.size(); i += 2) {
            if (i + 1 == nodes.size()) {
                temp.add(nodes.get(i));
            } else {
                Segment left = nodes.get(i), right = nodes.get(i + 1);
                temp.add(new Segment(left.from, right.to, left.sum +
                                          right.sum, left, right));
            }
        }
```

```
        nodes = temp;
    }

    return nodes.get(0);
}
```

程式碼的邏輯是：先把每個元素都視為一個子段一起迄都是它自己的索引、子段和則是自己的值一這樣建構起線段樹的最底層，亦即葉子層；然後用兩兩合併的辦法建構更上一層，直到新層只有一個節點，這個節點就是整個線段樹的根節點。按照前述邏輯，最終形成的線段樹看起來如下：

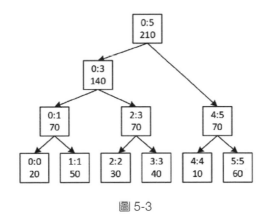

圖 5-3

如果轉換一下思路一陣列上的任意一段，都可視為由其中點分界的左右兩個相鄰子段合併而來，一旦知道左右兩個子段的和，便能計算出父段的和（簡單相加）。將這個思路加以遞迴，直到子段裡只包含一個元素，便得到建構線段樹的遞迴版實作：

```
public static Segment buildTree(int[] a, int li, int hi) {
    if (li == hi) return new Segment(li, hi, a[li], null, null);
    int mi = li + (hi - li) / 2;
```

```
    Segment left = buildTree(a, li, mi), right = buildTree(a, mi +
                                                            1, hi);
    return new Segment(li, hi, left.sum + right.sum, left, right);
}
```

有一點需要注意：雖然此遞迴版實作，使用的也是自下而上式的線段樹，但此法不一定和遞推版一樣「整齊」。因此，用這版程式碼建構出來的線段樹看起來會是這樣：

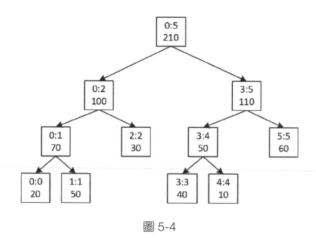

圖 5-4

唯獨在一種情況下，由遞推版程式碼和遞迴版程式碼建構出來的線段樹完全一樣，那就是當陣列的長度為 2 的整數次方時。

查詢子段和

現在，線段樹已經建構出來了，可是應該怎麼查詢呢？例如：若想查詢的某個子段，在線段樹並沒有對應的節點……其實，查詢的原理很簡單：倘若想查詢從 li 到 hi 的子段和時，先看看目前節點的 from 和 to，是不是正好對應至 li 和 hi，如果是，便直接返回結果；如果不是，就把從 li 到 hi「拆」成兩半，分別向

目前節點的左、右兩個孩子查詢，然後再把查詢出來的和相加。從 li 到 hi 這一段「拆成兩半」是有技巧的。有人可能會想：「應該有三種情況呀！一種是這段完全被左孩子包含，一種是這段完全被右孩子包含，還有一種是這段正好（騎）在左右兩個孩子之間……程式應該挺複雜的吧？」其實想多了！只需假設從 li 到 hi 這段就是「騎」在左右兩個孩子之間，然後分別向左、右兩個孩子查詢，並且用 0 來代償不合理的子段即可。什麼是不合理的子段？當起點索引比終點索引還大時，便是一個不合理的子段。

所以，查詢任意子段和的程式碼是：

```java
public static int getSum(Segment seg, int li, int hi) {
    if (li > hi) return 0; // 交錯代償
    if (seg.from == li && seg.to == hi) return seg.sum;
    var leftSum = getSum(seg.left, max(seg.left.from, li),
                                   min(seg.left.to, hi));
    var rightSum = getSum(seg.right, max(seg.right.from, li),
                                     min(seg.right.to, hi));
    return leftSum + rightSum;
}
```

接著測試程式碼，將看到兩次查詢的結果都是 130：

```java
public static void main(String[] args) {
    int[] a = {20, 50, 30, 40, 10, 60};
    var root1 = buildTree(a); // 遞推版建構
    var root2 = buildTree(a, 0, a.length - 1); // 遞迴版建構
    System.out.println(getSum(root1, 1, 4));
    System.out.println(getSum(root2, 1, 4));
}
```

　　顯然，在線段樹上進行查詢，最自然的是遞迴的想法。那麼，有沒有可能用遞推來實作呢？當然可以！

```java
public static int getSum(Segment root, int li, int hi) {
    int sum = 0;
    Queue<Segment> segQ = new LinkedList<>();
    Queue<Integer> indexQ = new LinkedList<>();
    segQ.offer(root);
    indexQ.offer(li);
    indexQ.offer(hi);
    while (!segQ.isEmpty()) {
        Segment seg = segQ.poll();
        int subLi = indexQ.poll(), subHi = indexQ.poll();
        if (subLi > subHi) continue;
        if (seg.from == subLi && seg.to == subHi) {
            sum += seg.sum;
        } else {
            segQ.offer(seg.left);
            indexQ.offer(max(seg.left.from, subLi));
            indexQ.offer(min(seg.left.to, subHi));
            segQ.offer(seg.right);
            indexQ.offer(max(seg.right.from, subLi));
            indexQ.offer(min(seg.right.to, subHi));
        }
    }

    return sum;
}
```

　　遞推版程式碼的實作觀念是：把待查詢的線段樹節點和目標段起迄索引，都壓到佇列裡，一旦從佇列取出來的時候，如果目標段起迄索引交錯了，就放棄這個不合理的子段；如果目標段起迄索引與節點的 from 和 to 正好吻合，便把節點

的 sum 加到累加器上，否則比照遞迴版一般，將目標段「拆」成兩段，並分別伴隨左右兩個孩子壓到佇列裡，以等待處理。

從這個例子得出：有些時候遞推觀念是自然的，於是就先實作遞推版程式碼，然後再推導出遞迴的版本；有時候則正好相反—遞迴觀念是自然的，那麼就先實作遞迴版程式碼，再依此啟發遞推版的實作。這是一種帶有禪意、平衡的美。

（注：為了讓程式碼更加簡潔，上面匯入一個靜態程式庫「import static java. lang.Math.*;」，如此一來，Math.min 和 Math.max 就能直接寫成 min 和 max。）

5.3 字典樹：字母大接龍

思考一個問題：給定一個全小寫字母的字串陣列「String[] words = {"hey", "hello", "he", "hell", "help"};」，然後問有沒有以「hel」開頭的單詞？如果有，有幾個；接著問，有沒有「he」這個單詞？當然，作為一個合格的程式設計師，當遇到問題的時候，必須養成合理擴展資料規模的習慣，例如針對這個題目，首先想到這個字串陣列的長度有可能是 10^5 級（因為英文單詞差不多就是這個數量），而且對單詞的查詢頻度比較高。

怎麼解這個題目呢？一個比較直接的做法是：準備一個 HashMap <String,Integer> 實例，用來記錄具有某個前綴的單詞數量；再準備一個 HashSet<String> 實例，以便記錄某個單詞是否出現過；接著，逐一將單詞放進其中。以「hello」為例，要求把每個前綴都用 substring 方法切出來，然後在字典裡進行統計（即為前綴 h、he、hel、hell、hello 各加 1）；最後把它放進集合裡，表示出現過「hello」這個單詞。

上述解法當然行得通，但是存在兩個不大不小的問題：

（1）HashMap<K,V> 和 HashSet<E> 是兩個比較「重」、比較複雜的資料結構，同時也是記憶體消耗大戶。

（2）對每個單詞進行多次 substring，也會產生很多記憶體垃圾，對效能產生影響。

當然，這個解法也不是一無是處。例如：兩個資料結構都是現成、經過千錘百煉的，可以放心地使用而無須擔心出 bug。一旦儲存好，查詢起來的效能會比較高。如果需要的話，還可以將它們「序列化」（serialize）、存放於檔案中，未來再透過「反序列化」（deserialize）載入記憶體，不必再處理一遍單詞。

現在，假設記憶體的使用條件比較嚴苛，不允許使用這兩個複雜厚重的資料結構。那麼，有沒有一種「羽量級」的資料結構可以達到同樣的功能，同時效能又不會太差呢？有！就是「字典樹」（trie）。

有人可能會想：「字典樹？就是用來代替字典，但能像字典一樣查詢的樹囉！」其實不然。字典樹是一種樹狀資料結構，這是肯定的。一般情況下，樹上每個節點的孩子不是固定個數（例如二元樹只有左右兩個孩子），便是一個元素個數不固定的集合。一個父節點有可能有多個孩子節點，形成「多元樹」。字典樹的特殊之處在於一父節點的每個孩子都可以利用一個值來索引，好比將子節點放到一個字典而不是集合裡。例如：針對下列這個問題，節點類別可以設計成這樣：

```java
public class Node {
    public int count;
    public boolean isEnd;
    public Node[] children = new Node[26];
}
```

count 欄位用來記錄有多少個單詞「途經」這個節點；isEnd 欄位記錄這個節點是否為某個單詞的最後一個字母；Node[] 類型的 children 欄位當作一個字典—它的長度為 26，分別對應從 a 到 z 的 26 個字母。當然，也可以使用 Map<Character,Node> 實例作為 children，但這似乎違背了輕量化的初衷。

有了節點類別後，下一步開始儲存和查詢單詞。

遞推版實作

對字典樹置放單詞的辦法是（put 函數）：先讓參照目前節點的 cur 指向樹的根節點，依序迭代單詞的每個字母，用字母減去字元 'a'，便可得到子節點在字典裡的索引（注：如果未來單詞包含所有 ASCII 編碼，那麼只需把 children 的長度擴展為 256 並且不減 'a'，直接拿字元的 ASCII 值作為子節點索引即可）。如果子節點尚不存在，就先建立，然後將 cur 指向目前字母對應的節點，並為節點的計數器加 1（注：程式碼「cur = cur.children[ci]).count++;」可以拆成「cur = cur.children[ci]; cur.count++;」兩句，此處有意把它們合併成一句，主要是為了讓大家意識到—設定運算式「cur = cur.children[ci]」是有結果值的，而且可以直接使用。個人發現，這個十幾年前幾乎人盡皆知的小技巧，現在卻鮮為人知……）。持續迭代單詞直至結束，將 cur 參照節點的 isEnd 設為 true 即可。

查詢有多少單詞以某個前綴開頭（startsWith 函數），或者查詢是否包含某個單詞（contains 函數）的邏輯幾乎一樣，也是比照置放單詞一般，從頭到尾迭代單詞裡的字母，同時移動 cur 參照。一旦發現孩子節點不存在，就立刻返回否定性的值，如果能夠找到最後，便返回對應的 count 值或 isEnd 值。

遞推版的程式碼如下：

```
public class WordTrie {
```

```java
private static Node root = new Node();

public static void put(String word) {
    var cur = root;
    for (int i = 0; i < word.length(); i++) {
        int ci = word.charAt(i) - 'a'; // child index的縮寫
        if (cur.children[ci] == null)
            cur.children[ci] = new Node();
        (cur = cur.children[ci]).count++; // 壓縮掉一行語句
    }

    cur.isEnd = true;
}

public static int startsWith(String prefix) {
    var cur = root;
    for (int i = 0; i < prefix.length(); i++) {
        int ci = prefix.charAt(i) - 'a';
        if (cur.children[ci] == null) return 0; // 斷鏈，沒找到
        cur = cur.children[ci];
    }

    return cur.count;
}

public static boolean contains(String word) {
    var cur = root;
    for (int i = 0; i < word.length(); i++) {
        int ci = word.charAt(i) - 'a';
        if (cur.children[ci] == null) return false;// 斷鏈，沒找到
        cur = cur.children[ci];
    }

    return cur.isEnd;
```

```
      }
   }
}
```

測試程式碼，得到 true 和 5 兩個輸出：

```
public static void main(String[] args) {
   String[] words = {"hey", "hello", "he", "hell", "help"};
   for (var word : words) WordTrie.put(word);
   System.out.println(WordTrie.contains("help"));
   System.out.println(WordTrie.startsWith("he"));
}
```

遞迴版實作

　　受到遞推版的啟發，很容易發現一字典樹的建構與查詢是「自上而下」。因此，可以很快地改編成遞迴版的實作。程式碼如下：

```
public class WordTrie {
   private static Node root = new Node();

   public static void put(String word) {
      put(word, root, 0);
   }

   private static void put(String word, Node cur, int i) {
      int ci = word.charAt(i) - 'a';
      if (cur.children[ci] == null)
         cur.children[ci] = new Node();
      (cur = cur.children[ci]).count++;
      if (i == word.length() - 1) {
```

```
            cur.isEnd = true;
        } else {
            put(word, cur, i + 1);
        }
    }


    public static int startsWith(String prefix) {
        return startsWith(prefix, root, 0);
    }


    private static int startsWith(String prefix, Node cur, int i)
    {
        int ci = prefix.charAt(i) - 'a';
        if (cur.children[ci] == null) return 0;
        cur = cur.children[ci];
        if (i == prefix.length() - 1) return cur.count;
        return startsWith(prefix, cur, i + 1);
    }


    public static boolean contains(String word) {
        return contains(word, root, 0);
    }


    private static boolean contains(String word, Node cur, int i)
    {
        int ci = word.charAt(i) - 'a';
        if (cur.children[ci] == null) return false;
        cur = cur.children[ci];
        if (i == word.length() - 1) return cur.isEnd;
        return contains(word, cur, i + 1);
    }
}
```

因為 root 是一個私有欄位，遞迴版的三個函數又需要以它的值作為實際參數，所以，這三個函數也是私有的。為了從外界存取，就得為它們加上公有的包裝器。此外，包裝器也很好地對呼叫者隱藏 cur、i 這些讓人「不知所云」的內部複雜邏輯。名字相同，但簽名不同的一組函數構成重載（overload）關係，想必讀這段文字的人應該清楚知道。如果不清楚甚至不知道，那就讓人擔心您的Java 常識－特別是物件導向等工程方面－是否足以支撐並學習演算法了。

5.4 併查集：朋友的朋友是朋友

婦人拉住年輕人的衣袖，哭泣著說：「xx，你不能和 xxx 在一起！因為……她就是你失散多年的親妹妹！而我……就是你的親媽啊！」－從曹禺的小說到瓊瑤的肥皂劇，從橫店的片場到好萊塢的攝影棚，這個「有情人終成兄妹」的梗，早已經被用到爛大街了。而「併查集」（union-find）的資料結構，就是專門用來防止這種悲劇發生。

併查集的原理十分簡單－利用關係的「傳遞性」，正如生活中經常說的「朋友的朋友就是朋友」。併查集的「並」（union，即「聯合」）指的就是利用關係的傳遞性，把元素歸為一組，每一組都由一個「根元素」來代表。而併查集的「查」（find），指的是幫忙檢查兩個元素是不是隸屬於同一組（亦即擁有相同的根元素）。聽到「根元素」，想必大家都能猜到，併查集是一種元素之間關係為樹狀的資料結構。的確如此，但併查集與一般的樹，有兩點顯著的差別：

（1）在一般的樹上，節點之間的關係是父節點知道自己的子節點是誰，反之則不然。換句話說，樹上的節點關係是從上向下指。而併查集的元素只知道自己的父級元素是誰，但不關心自己的子級元素，也就是說，關係是從下向上指。

（2）併查集一般建構在一個 Map<K,V> 實例上，而不像二元樹那般要先宣告節點類別。當然，也可以利用 Map<K,V> 實例實作樹一下一章會看到，樹作為一種簡化版的圖（graph），也允許像圖一樣使用 Map<K,V> 來表達。

那麼，如何使用併查集避免狗血劇情的發生呢？先看一個例子。假設用下面這個二維陣列表示一些從屬之間的關係，子陣列的兩個元素具有「強家庭關係」：

```
String[][] relations = {
    {"A1", "B1"},
    {"A1", "A2"}, {"A2", "A3"},
    {"B1", "B2"}, {"B2", "B3"},
    {"C1", "C2"}, {"C2", "C3"},
};
```

這個陣列表達的關係是：A1 和 B1 是夫妻，A2 是 A1 的後代，A3 是 A2 的後代，B2 是 B1 的後代，B3 是 B2 的後代，C2 是 C1 的後代，C3 是 C2 的後代。為了便於理解，這些元素都是以清晰的順序出現，但實際上打亂順序也沒有關係。例如，寫成 {"B3", "B2"}，同樣代表它們之間有強家庭關係。

首先實作的是「查」，因為「併」是建立在「查」的基礎之上一先「查」後「併」。程式碼如下：

```
public class UnionFind {
    private static Map<String, String> map = new HashMap<>();

    public static String find(String child) {
        if (!map.containsKey(child))
            map.put(child, child);
```

```
        while (!map.get(child).equals(child))
            child = map.get(child);
        return child;
    }
}
```

　　這裡準備一個 Map<String, String> 實例（注：這是一種比較「跳躍」的表述，完整的表述應該是「一個實作 Map<String, String> 介面類別的實例」），它的「鍵—值」（key-value）對應的是「子—父」關係。請注意：此處的「子—父」關係，僅僅是併查集裡樹狀關係的「子—父」，不一定是家庭關係中的「子—父」。當試圖在字典找尋一個元素的根元素時，如果該元素尚未出現於字典裡，就把它放進去，並且讓它作為自己的父級元素。接著，順著「子—父」關係一路找上去，直到找到一個元素，它的父元素就是自己本身。此時，代表找到一個「根元素」—是的，根元素的特點就是它是自己的父元素。顯然，首次查詢的元素，自己便是自己的根元素。另外，因為使用 String 作為元素的類型，所以不能在 Java 語言中以「==」比較兩個字串的值。

　　基於「查」的功能，下一步就可以實作「併」的功能。程式碼如下：

```
public static String union(String c1, String c2) {
    String r1 = find(c1), r2 = find(c2);
    if (!r1.equals(r2)) map.put(r2, r1);
    rcturn r1;
}
```

　　「併」的邏輯也很直白—分別取得兩個元素的根元素，如果它們的根元素相同，說明它們已經是一組，否則，就「強行」讓一個根元素成為另一個根元素的根。至於是不是返回最終的根元素，並不要求。

至此，「併查集」的功能就完成了，簡單吧！請執行下面的測試程式碼：

```
public static void main(String[] args) {
    String[][] relations = {
        {"A1", "B1"},
        {"A1", "A2"}, {"A2", "A3"},
        {"B1", "B2"}, {"B2", "B3"},
        {"C1", "C2"}, {"C2", "C3"},
    };

    for (var r : relations)
        UnionFind.union(r[0], r[1]);
    var root1 = UnionFind.find("A3");
    var root2 = UnionFind.find("B3");
    if (root1.equals(root2)) {
        System.out.println("有情人終成兄妹");
    } else {
        System.out.println("在一起，在一起！");
    }
}
```

輸出結果應該是「有情人終成兄妹」，因為 A3 和 B3 有著強家庭關係。此時，如果把 A3 或者 B3 替換成 C3，那麼輸出結果便是「在一起，在一起！」。再或者，移除子陣列 {"A1", "B1"}，也能看到「在一起」。有興趣的話，還可以打亂子陣列的順序、顛倒子陣列裡元素的順序，看看結果有沒有變化。此外，倘若想查詢併查集的元素一共分為幾組，那麼數一數有多少個根元素即可。

圖：包羅萬象

　　現實世界中的事物，如果在某個維度上把它們的關係抽象到極致，往往就能得到一張圖（graph）。例如，地圖就不算「抽象到極致」，因為城市的位置、城市間的距離等，還得透過比例尺反映它們在地理上的真實情況，所以地圖的英文是 map 而不是 geo-graph，而圖 6-1 的 (a) 則是城市之間距離關係的極端抽象。再例如，立方體的八個頂點和八條邊也允許「拍扁」（或者說「投影」）成為圖 6-1 的 (b)。因此，本章研究的圖，既不是圖畫（picture）、圖解（diagram）的「圖」，也非地圖（map）、藍圖（blueprint）的「圖」—它是一種計算機科學的資料結構，由頂點（vertex）和頂點之間的邊（edge）組成。

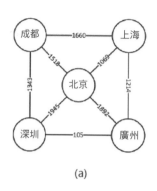

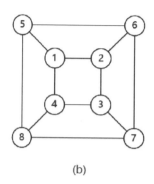

(a)   (b)

圖 6-1

　　邊對圖的影響非常大─如果邊是單向通行，那麼圖就是「有向圖」（directed graph）；如果邊是雙向通行，那麼圖就是「無向圖」（undirected graph）；所以「無向圖」並不是沒有方向，而是方向任意。如果邊有權重（weight），那麼圖就是「有權圖」（weighted graph），否則就是「無權圖」（unweighted graph）。如果邊能在頂點之間形成迴路，那麼圖便稱為「有環圖」（cyclic graph），否則就是「無環圖」（acyclic graph）。無向、有環、有權重─這是圖的「預設配置」，所以可以省略這三個修飾，反之則需要指出來。例如，有一種重要的圖叫做「有向無環圖」（directed acyclic graph，DAG），便刻意指出「有向」和「無環」，並且省略「有權」，所以，「有向無環圖」的全稱其實是「有向無環有權圖」。另外，像樹、鏈結串列這兩種資料結構，其實都是簡化版的圖，圖的所有演算法都能應用於其上，只需去除一些邏輯即可。

　　圖是一種非常「接地氣」的資料結構─小到下棋選課、大到投資備戰，都能看到它的身影。例如：

1. 兩個城市之間是否只靠火車就能抵達，這是圖的「連通性」（connectivity）問題。

2. 從一個城市到另一個城市怎麼買票最便宜，或者怎麼走最快，這是圖的「最短路徑」（shortest path）問題。

3. 如何花最少的經費，把每個城市都用高速公路連接起來，這是「最小生成樹」（minimum spanning tree）問題。

4. 怎樣不重複地把幾個城市或者幾條風景線逛一遍，並回到起點，這是圖的環路（cycle）問題。

5. 如何根據課程之間的先後關係選課，將大學生活安排得充實快樂，這是圖的「拓撲排序」（topological order）問題。

6. 當發生戰事時，透過公路網計算，從一個城市向另一個城市調兵的速度，此為圖的「最大流」（maximum flow）問題。

7. 而測算破壞哪幾座橋樑，就能以最小的代價阻斷敵人的前進，則是圖的「最小割」（minimum cut）問題。

8. ……等。

總之，圖演算法包羅萬象，十分的重要，掌握這些工具後，思維也會變得更加睿智和富有策略。

大家可能聽說過「圖論」（Graph Theory），圖論是數學範疇的知識。圖演算法涉及的問題，只是圖論的一小部分，而且偏重的是如何以電腦程式解決問題。單是圖演算法一個課題，就足以寫上一本幾百頁的書籍。因此，本章只是圖演算法最常見部分的一個縮影，僅供大家穩固基礎之用。

個人在學習圖演算法的時候，曾經被一個問題困擾：一個演算法究竟是給有向／有權圖，還是無向／無權圖使用呢？後來漸漸發現，無論是有向／有權圖還是無向／無權圖，都有目的相同的演算法，只是實作起來有或大或小的變化。例如，連線性問題，無論是有向還是無向圖，都可以利用巡訪節點的方法求解；但在無向圖上，還可以使用併查集來求解。諸如此類的例子很多。因此，為了能夠清晰地學習每一種演算法、避免曾經遇到的困擾，本章將這樣安排演算法的學習：先為演算法選定一個最常用的圖類型，接著講解此演算法的「標準版」，然後再探討當有無向、有無權、有無環發生變化時，演算法會有哪些改變。

6.1 圖的表達

　　圖的表達，就是把一個對應至現實世界物件之間關係的圖模型，轉換成方便處理的資料，並保存於合適的資料結構中。轉換的第一步往往是一個（隱含的）映射過程，此過程經常會被其他書籍忽略。映射就是把圖中的頂點都對應至連續的整數，此舉的好處是既方便迭代又便於處理。經過映射後，圖 6-2 的 (a) 部分就變成 (b) 部分：

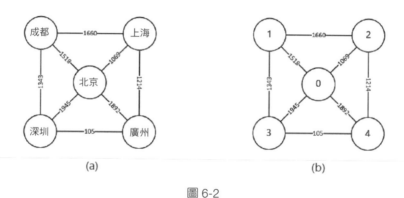

(a)　　　　　　　　　　　　　　　(b)

圖 6-2

　　映射關係可以保存在一個陣列（String[] cities = {" 北京 ", " 成都 ", " 上海 ", " 深圳 ", " 廣州 "};），映射出來的整數，就是頂點在陣列中的索引。當然，也可以存放到一個 Map<K,V> 實例。映射後，若想迭代所有的頂點時，只需一個 for 迴圈就足夠。這也解釋了為什麼在所有圖演算法中，看到的頂點都是一個簡單的整數。

　　映射之後，就能把圖模型轉換為可處理的資料。不考慮鏈結串列和樹這兩種特殊的圖，一個標準、最簡單的圖便是有向無權圖，如圖 6-3 所示。有向圖在模型中會以箭頭標識出邊的方向。對於無權圖來說，也可以把每條邊的權重都看作 1。

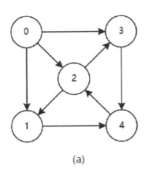

(a)

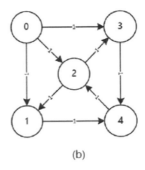

(b)

圖 6-3

　　在演算法世界中，圖的表達有兩種方式—鄰接表（adjacency list）和鄰接矩陣（adjacency matrix）。「什麼？還要用到矩陣？」—別被它們的名字嚇到，其實跟數學的矩陣一點關係都沒有。這裡的矩陣指的是一個 int 類型的二維陣列（int[][]），接下來依序瞭解這兩種表達方式。

鄰接表

　　鄰接表是把圖模型保存於一個 List<List<Integer>> 實例或是 List<List<Edge>> 實例。前者用於保存無權圖，後者則用於保存有權圖。圖的所有頂點都存放為字典的 key，每個 key 對應的 value，則是由這個頂點出發，所能到達的下一個頂點（無權圖）或經由的邊（有權圖）。頂點以一個整數就能表達，而邊則需要另建一個類別：

```
public class Edge {
    public int from;
    public int to;
    public int weight;

    public Edge(int from, int to, int weight) {
```

```
    this.from = from;
    this.to = to;
    this.weight = weight;
  }
}
```

瞭解原理後，下一步是把前面的圖模型以下列程式碼來表達：

```java
public class Main {
    public static void main(String[] args) {
        int[][] unweightedRaw = { // {from, to}
            {0, 1}, {0, 2}, {0, 3}, {1, 4},
            {2, 1}, {2, 3}, {3, 4}, {4, 2}};

        int[][] weightedRaw = { // {from, to, weight}
            {0, 1, 1}, {0, 2, 1}, {0, 3, 1}, {1, 4, 1},
            {2, 1, 1}, {2, 3, 1}, {3, 4, 1}, {4, 2, 1}};

        var unweightedGraph = buildUnweightedGraph(5, unweightedRaw);
        var weightedGraph = buildWeightedGraph(5, weightedRaw);
    }

    // 建構無權圖
    public static List<List<Integer>> buildUnweightedGraph(int
                                        vCount, int[][] raw) {
        var g = new ArrayList<List<Integer>>();
        for (var i = 0; i < vCount; i++)
            g.add(new ArrayList<>());
        for (var edge : raw)
            g.get(edge[0]).add(edge[1]);
        return g;
    }
```

```
// 建構有權圖
public static List<List<Edge>> buildWeightedGraph(int vCount,
                                                   int[][] raw) {
    var g = new ArrayList<List<Edge>>();
    for (var i = 0; i < vCount; i++)
        g.add(new ArrayList<>());
    for (var edge : raw)
        g.get(edge[0]).add(new Edge(edge[0], edge[1], edge[2]));
    return g;
}
```

程式碼的邏輯十分直白：根據頂點的個數（vCount），為每個 key 產生一個空的列表（杜絕 key 對應 null 值），以及保存與出發點相鄰的頂點（無權圖）或邊（有權圖），然後，再把圖模型的原始資料灌進字典裡即可。當然，也可以利用 List<E>[] 或 Map<K, List<E>> 代替 List<List<E>> 實例。

鄰接矩陣

鄰接矩陣的原理是：使用一個高度和寬度都等於頂點個數的 int[][] 實例，以保存頂點之間的關係，也就是邊（如圖 6-4）。假設矩陣（int[][]）由變數 g 參照，那麼 g[from][to] 的值就代表頂點 from 與 to 之間的關係—0 表示這兩個頂點間沒有邊，非 0 則是有邊相連。而且，非 0 的時候還可以用此值表示邊的權重，真是一舉兩得！

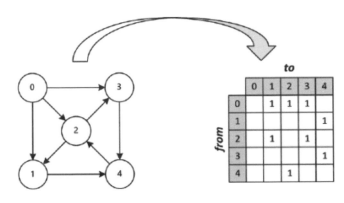

圖 6-4

基於上面的思路，可以輕鬆地將程式碼實作為：

```java
public class Main {
  public static void main(String[] args) {
    int[][] unweightedRaw = { // {from, to}
      {0, 1}, {0, 2}, {0, 3}, {1, 4},
      {2, 1}, {2, 3}, {3, 4}, {4, 2}};

    int[][] weightedRaw = { // {from, to, weight}
      {0, 1, 1}, {0, 2, 1}, {0, 3, 1}, {1, 4, 1},
      {2, 1, 1}, {2, 3, 1}, {3, 4, 1}, {4, 2, 1}};

    var unweightedGraph = buildGraph(false, 5, unweightedRaw);
    var weightedGraph = buildGraph(true, 5, weightedRaw);
  }

  // 用開關控制建構有權或無權圖
  public static int[][] buildGraph(boolean isWeighted, int
                                   vCount, int[][] raw) {
    var g = new int[vCount][vCount];
    for (var edge : raw)
```

```
            g[edge[0]][edge[1]] = isWeighted ? edge[2] : 1;
        return g;
    }
}
```

應對向、權、環的變化

關於權重，前面鄰接表和鄰接矩陣的程式碼已經包含有權和無權兩種情況，所以不會有變化。是否有環路是由圖模型的原始資料決定，而且對圖的建構沒有影響—有無環路都得如實地按照原始資料建構圖。真正對圖有影響是有無向的變化。

當有向圖變為無向圖的時候，如果採用鄰接表呈現，可以把一條無向邊看做兩條有向邊，然後為兩個頂點各增加一條由它出發的有向邊，或者保持這條無向邊，然後把它分別加入兩個頂點的列表中（注：個人更傾向於前者）。倘若採用的是鄰接矩陣，則迭代一條原始資料，都得在矩陣上標記兩次邊的連通。程式碼如下：

```
// 建構無權圖（鄰接表）
public static List<List<Integer>> buildUnweightedGraph(int
                                        vCount, int[][] raw) {
    var g = new ArrayList<List<Integer>>();
    for (var i = 0; i < vCount; i++)
        g.add(new ArrayList<>());
    for (var edge : raw) {
        g.get(edge[0]).add(edge[1]);
        g.get(edge[1]).add(edge[0]); // 增加反向相鄰頂點
    }
    return g;
```

```
}

// 建構有權圖（鄰接表）
public static List<List<Edge>> buildWeightedGraph(int vCount,
                                                  int[][] raw) {
    var g = new ArrayList<List<Edge>>();
    for (var i = 0; i < vCount; i++)
        g.add(new ArrayList<>());
    for (var edge : raw) {
        g.get(edge[0]).add(new Edge(edge[0], edge[1], edge[2]));
        g.get(edge[1]).add(new Edge(edge[1], edge[0], edge[2]));
        // 增加反向邊
    }
    return g;
}

// 用開關控制建構有權或無權圖（鄰接矩陣）
public static int[][] buildGraph(boolean isWeighted, int vCount,
                                 int[][] raw) {
    var g = new int[vCount][vCount];
    for (var edge : raw) {
        g[edge[0]][edge[1]] = isWeighted ? edge[2] : 1;
        g[edge[1]][edge[0]] = isWeighted ? edge[2] : 1; // 增加反向邊
    }
    return g;
}
```

測試程式碼如下：

```
public static void main(String[] args) {
    int[][] unweightedRaw = { // {v1, v2}
        {0, 1}, {0, 2}, {0, 3}, {1, 4},
```

```
    {2, 1}, {2, 3}, {3, 4}, {4, 2}};

    int[][] weightedRaw = { // {v1, v2, weight}
        {0, 1, 1}, {0, 2, 1}, {0, 3, 1}, {1, 4, 1},
        {2, 1, 1}, {2, 3, 1}, {3, 4, 1}, {4, 2, 1}};

    var uwg1 = buildUnweightedGraph(5, unweightedRaw);
    var wg1 = buildWeightedGraph(5, weightedRaw);
    var uwg2 = buildGraph(false, 5, unweightedRaw);
    var wg2 = buildGraph(true, 5, weightedRaw);
}
```

用於建構無向圖的原始資料中，一般不用 from 和 to 稱呼兩個頂點，藉以突出兩個頂點的無向性和均等性，因此，經常會稱呼它們 v1、v2 或 u、v。繪製無向圖的圖模型時，也會省略邊上兩端的箭頭，好讓圖形看上去更清爽：

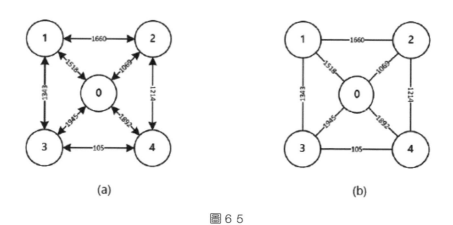

(a) (b)

圖 6-5

最後，引入「出度」（out-degree）和「入度」（in-degree）兩個概念—對於頂點來說，有多少條邊以其為出發點，表示這個頂點的出度。同理，有多少條邊以其為到達（終）點，代表這個頂點的入度。

思考題

很多面試或競賽題，都會以一個 int[][] 實例表示一塊場地、一個網格或一塊棋盤，然後允許一個棋子在上面移動一二維陣列的每個元素被視為一個格子。有時候會限制棋子移動的方向，例如只能向右或向下移動；有時候則不限制棋子的移動，允許它向上下左右四個方向自由移動。請問，能夠把這樣一個棋盤轉換成圖，然後儲存起來嗎？

6.2 圖的巡訪

圖的巡訪（traversal）指的是從給定的頂點開始，將所有與這個頂點直接或間接相連的頂點（或邊）都訪問一遍。顯然，對於無權圖來說，更看中對頂點的巡訪，而對於有權圖來說，注重的是邊的巡訪。圖的巡訪演算法，幾乎可以說是其他演算法的基礎，所以非常重要。巡訪一張圖時，既允許使用遞推程式碼，又可以使用遞迴程式碼，兩者對頂點的存取順序截然不同，因此也會影響建構於其上的其他演算法。下文就分別探討。

探討之前，先使用與前一節相同的有向圖模型（如圖 6-6）：

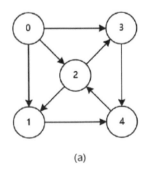
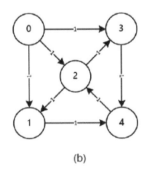

(a)   (b)

圖 6-6

以及這個模型的鄰接表呈現方式：

```java
public static void main(String[] args) {
    int[][] unweightedRaw = { // {from, to}
        {0, 1}, {0, 2}, {0, 3}, {1, 4},
        {2, 1}, {2, 3}, {3, 4}, {4, 2}};

    int[][] weightedRaw = { // {from, to, weight}
        {0, 1, 1}, {0, 2, 1}, {0, 3, 1}, {1, 4, 1},
        {2, 1, 1}, {2, 3, 1}, {3, 4, 1}, {4, 2, 1}};

    var unweightedGraph = buildUnweightedGraph(5, unweightedRaw);
    var weightedGraph = buildWeightedGraph(5, weightedRaw);
}
```

廣度優先巡訪

所謂「廣度優先搜尋」（breadth first search，BFS），就是以遞推程式碼巡訪一個圖，搜尋目標頂點或邊是否存在。搜尋過程中會存取與入口點直接或間接相連的每個頂點及每條邊，所以 BFS 是一種圖的巡訪演算法。這就是為什麼雖然它的名字裡有個 search，但通常會把它稱為「廣度優先巡訪」。

BFS 的原理很簡單：以給定的入口頂點為起點，存取與其直接相連的第一層頂點，然後再以第一層頂點為基礎，存取與第一層頂點直接相連的第二層頂點，逐層外推，直到訪問相連的所有頂點。巡訪的過程中，為了避免多次存取公用頂點（入度大於 1），必須使用快取記錄已經存取過哪些頂點。如果不這麼做，有環的圖上就會產生無限循環。因為對頂點的存取順序，有如水波般一圈一圈向外發散，所以這種巡訪方式才會稱為「廣度優先巡訪」。

為了達到「逐層存取」的效果，程式使用 Queue<E> 資料結構。佇列的「先進先出」（first in first out，FIFO）特性可以幫忙形成一個「待處理序列」－因為是內圈頂點把外圈頂點「拉」進佇列，所以只有當內圈頂點存取完後，才會輪到外圈頂點。同時，由於有 Set<E> 的加持，因此也不會出現重複存取的情況。程式碼如下：

```java
// 廣度優先巡訪（無權圖）
public static List<Integer> getVertices(List<List<Integer>> g,
                                                  int entry) {
    var vertices = new ArrayList<Integer>();
    var visited = new HashSet<Integer>();
    var q = new LinkedList<Integer>();
    vertices.add(entry);
    visited.add(entry);
    q.offer(entry);
    while (!q.isEmpty()) {
        var from = q.poll();
        for (var to : g.get(from)) {
            if (visited.contains(to)) continue; // 避免重複存取
            vertices.add(to);
            visited.add(to); // 先
            q.offer(to); // 後
        }
    }

    return vertices;
}
```

特別提醒大家－一定要先標記被存取的頂點（置於 Set<E> 裡），再把頂點放進佇列，不然就有可能重複存取前一層共用的頂點。

　　如果確切地知道頂點的個數，也可以使用更輕量的 boolean[] 來取代較重的
Set<E>。例如，以本圖來説，圖物件 List<List<Integer>> 的長度便是頂點的個
數，所以，程式碼可以升級為：

```java
// 廣度優先巡訪（無權圖）
public static List<Integer> getVertices(List<List<Integer>> g,
                                                int entry) {
    var vertices = new ArrayList<Integer>();
    var visited = new boolean[g.size()]; // 變化1
    var q = new LinkedList<Integer>();
    vertices.add(entry);
    visited[entry] = true; // 變化2
    q.offer(entry);
    while (!q.isEmpty()) {
        var from = q.poll();
        for (var to : g.get(from)) {
            if (visited[to]) continue; // 變化3
            vertices.add(to);
            visited[to] = true; // 變化4
            q.offer(to);
        }
    }

    return vertices;
}
```

　　開篇的時候曾提及：之所以選擇 Java 作為本書的程式語言，主因是 JDK 有
豐富的資料結構。有多豐富呢？例如 LinkedHashSet<E> 的資料結構，就是一個
既能像 Set<E> 一般防重複，又能像 List<E> 一樣保留元素順序的「二合一」型
資料結構！有了它，程式碼既能變得更短，甚至還能玩出一些花樣：

```java
// 廣度優先巡訪（無權圖）
public static List<Integer> getVertices(List<List<Integer>> g,
                                                          int entry) {
   var vertices = new LinkedHashSet<Integer>(); // 二合一
   var q = new LinkedList<Integer>();
   vertices.add(entry);
   q.offer(entry);
   while (!q.isEmpty()) {
      var from = q.poll();
      for (var to : g.get(from)) {
         if (vertices.add(to)) // 小花樣！
            q.offer(to);
      }
   }

   return new ArrayList<>(vertices);
}
```

當然，使用 LinkedHashSet<E> 的代價，就是資料結構進一步加重、語言間的可攜性變弱，以及……面試官可能認為您從哪裡學了「旁門左道」。如果確定只是想存取與入口頂點相連的頂點，而不太關心記錄的存取順序，那麼使用一個 HashSet<E> 也就足夠。總之，選擇很多，根據上下文隨機應變即可。

測試程式碼：

```java
public static void main(String[] args) {
   int[][] unweightedRaw = { // {from, to}
      {0, 1}, {0, 2}, {0, 3}, {1, 4},
      {2, 1}, {2, 3}, {3, 4}, {4, 2}};

   var unweightedGraph = buildUnweightedGraph(5, unweightedRaw);
```

```
    var vertices = getVertices(unweightedGraph, 0);
    System.out.println(vertices);
}
```

將看到輸出為 [0, 1, 2, 3, 4]。這很好理解：0 是起點，與它直接相連的是
1、2、3（即第一層），第二層則是與 2、3 相連的 4，第三層理論上是與 4 相連
的 2，但 2 已經存取過，所以不會再訪問一次。因為鄰接表 List<List<Integer>>
裡的 List<Integer> 會保留增加頂點（或邊）時的順序，所以，如果反轉一下原
始資料的元素順序：

```
int[][] unweightedRaw = { // {from, to}
    {4, 2}, {3, 4}, {2, 3}, {2, 1},
    {1, 4}, {0, 3}, {0, 2}, {0, 1}};
```

就會得到輸出 [0, 3, 2, 1, 4]一層級沒變，但同層中元素的存取順序變了。

提醒一點：並不是把每個頂點當作入口點，都可以存取到所有頂點（或
邊）。以這個圖來說，如果把入口點改為 0 之外的任何一個頂點，都無法存取到
所有頂點。

深度優先巡訪

保留「從中心（入口點）向四周擴展」的遞推概念，但改用遞迴程式碼迭代
每個頂點的下一層頂點，就會產生「深度優先」的效果。因為遞迴呼叫會讓對頂
點的存取「能走多遠走多遠」，直到一個頂點沒有下一層頂點可供存取一要麼沒
有可前往的頂點，要麼可前往的頂點都已經被存取過。

循著這條思路，就能得到一段簡短到讓人吃驚的程式碼：

```java
// 前序深度優先巡訪（無權圖）
public static void getVertices(List<List<Integer>> g, int from,
                List<Integer> vertices, Set<Integer> visited) {
    if (!visited.add(from)) return;
    vertices.add(from); // 前序
    for (var to : g.get(from))
        getVertices(g, to, vertices, visited);
}
```

測試程式碼，將看到結果 [0, 1, 4, 2, 3]：

```java
public static void main(String[] args) {
    int[][] unweightedRaw = { // {from, to}
        {0, 1}, {0, 2}, {0, 3}, {1, 4},
        {2, 1}, {2, 3}, {3, 4}, {4, 2}};

    var unweightedGraph = buildUnweightedGraph(5, unweightedRaw);
    var vertices = new ArrayList<Integer>();
    var visited = new HashSet<Integer>();
    getVertices(unweightedGraph, 0, vertices, visited);
    System.out.println(vertices);
}
```

觀察圖模型，因為程式碼會按照下一層頂點的加入順序逐一存取，所以當從 0 開始深度優先存取的時候，會先取到下一層的 1，然後遞迴繼續向深處伸展。1 的第一個下一層頂點 4，進而是 4 的第一個下一層頂點 2，2 在試圖存取 1 的時候，發現 1 已經被存取過，於是轉而存取 3，最後 3 的所有下一層頂點都已經

被存取過。當遞迴呼叫逐步向上一層返回時，程式發現每一層的頂點都已經存取過，因此呼叫很快就結束。整體的存取順序是：0->1->4->2->3，一氣呵成。

如果顛倒一下原始資料中的 {0, 1} 和 {0, 2}，會發現輸出結果變成 [0, 2, 1, 4, 3]。這次巡訪經歷的順序是 0->2->1->4，然後向上返回兩層到 2，由 2 存取 3。

程式碼的「前序」（pre-order）指的是在存取下一層頂點之前，就已經處理完目前的頂點（注：本例的「處理」就是把它加到 vertices，不同問題中的「處理」會有不同的運算）。如果把這句程式碼移到 for 迴圈之後，那麼本層遞迴呼叫對頂點的操作，便只能等到下一層節點都處理完才進行，亦即變成了「後序」（post-order）深度優先巡訪。程式碼如下：

```
// 後序深度優先巡訪（無權圖）
public static void getVertices(List<List<Integer>> g, int from,
                 List<Integer> vertices, Set<Integer> visited) {
  if (!visited.add(from)) return; // 注意！
  for (var to : g.get(from))
    getVertices(g, to, vertices, visited);
  vertices.add(from); // 後序
}
```

轉換前序／後序的時候，新手經常忽略的一個細節，是將頂點加入 visited 快取的時機。請留意，這一步的位置不能改變，哪怕是在後序巡訪中，也要先把頂點加入 visited 快取，藉以告知更深層級的遞迴呼叫：「嘿！之前已經見過這個頂點，正等著處理呢，請跳過它吧。」不然當圖上有環的時候，就會產生呼叫堆疊溢出。

由前文得知，樹是一種簡化的圖，而二元樹則是一種簡化的樹。因為二元樹只有兩個子節點，那麼就有機會在遞迴處理左孩子和右孩子之間處理目前節點，於是就有了「中序」（in-order）深度優先巡訪。因為圖的鄰接頂點是個集合，很少會在迭代該集合的時候，中斷下來處理目前頂點，所以圖演算法幾乎看不到有利用中序深度優先巡訪。

請注意：前序、中序、後序都是在說深度優先巡訪，它們有各自的應用場景和輸出效果。例如把二元搜尋樹還原成排好序的列表，便只能使用中序深度優先巡訪；再例如即將學習的「拓撲排序」，則應該使用後序深度優先巡訪。

遞推版深度優先巡訪

當不得不使用深度優先巡訪，圖的頂點數量又比較多時，就要冒著呼叫堆疊溢出的風險了。為了避免這類風險，可以使用 Stack<E> 資料結構模擬函數呼叫堆疊，於是，程式碼就變成：

```java
public static List<Integer> getVertices(List<List<Integer>> g,
                                        int entry) {
    var vertices = new ArrayList<Integer>();
    var visited = new HashMap<Integer, Iterator<Integer>>();
    var stack = new Stack<Integer>();
    visited.put(entry, g.get(entry).iterator());
    vertices.add(entry);
    stack.push(entry);
    while (!stack.isEmpty()) {
        var top = stack.peek();
        var iterator = visited.get(top);
        if (!iterator.hasNext()) {
            stack.pop();
        } else {
```

```
            var to = iterator.next();
            if (!visited.containsKey(to)) {
                visited.put(to, g.get(to).iterator());
                vertices.add(to); // 前序
                stack.push(to);
            }
        }
    }

    return vertices;
}
```

　　程式碼的要點在於 HashMap<Integer, Iterator<Integer>> 類型的 visited，
它有兩個重要的作用：一個是幫忙記錄已經存取哪些頂點，一個則是記錄這個
頂點的下一層頂點已經迭代到何處，也就是那個 iterator。由此可見，必要的工
程技術對演算法的實作也很關鍵。本版的程式碼中，一存取到某個頂點就立刻
加到 vertices 結果集，所以它是一個前序的深度優先巡訪。如果想把它改成後
序，只需把「stack.pop();」改成「vertices.add(stack.pop());」，並且去除開頭的
「vertices.add(entry);」即可。

　　以下面的原始資料進行測試：

```
int[][] unweightedRaw = { // {from, to}
    {0, 1}, {0, 2}, {0, 3}, {1, 4},
    {2, 1}, {2, 3}, {3, 4}, {4, 2}};
```

　　前序輸出結果為 [0, 1, 4, 2, 3]，後序輸出結果的順序正好相反，是 [3, 2, 4,
1, 0]。

向、權、環對巡訪的影響

前面的例子選用典型的無向無權圖模型，以作為巡訪的物件。如果換成無向圖，相當於邊的數量翻了一倍（加入同樣多條反向邊），但由於 visited 快取之故，即使加入再多的邊，對頂點的存取也不會重複。因此，有向圖變無向圖，對巡訪演算法沒有影響。同理，無論是有向圖還是無向圖的環路，都不會導致頂點的重複存取，因為有 visited 快取的存在。

對圖巡訪演算法影響比較大的是有無權的變化。以有權圖來說，有些場景下要巡訪的是邊而不是頂點，此時，迭代的不再是「下一層頂點」，而是從目前頂點出發的邊。以現有程式碼為基礎，稍做改動，就能得到下列巡訪邊的程式碼：

```
// 廣度優先巡訪有權圖的所有邊
public static List<Edge> getEdges(List<List<Edge>> g, int entry)
{
    var edges = new ArrayList<Edge>();
    var visited = new HashSet<Edge>();
    var q = new LinkedList<Integer>();
    q.offer(entry);
    while (!q.isEmpty()) {
        var from = q.poll();
        for (var edge : g.get(from)) {
            if (visited.add(edge)) {
                edges.add(edge);
                q.offer(edge.to);
            }
        }
    }

    return edges;
}
```

```
// 深度優先巡訪有權圖的所有邊
public static void getEdges(List<List<Edge>> g, int from,
                           List<Edge> edges, Set<Edge> visited) {
   for (var edge : g.get(from)) {
      if (visited.add(edge)) {
         edges.add(edge);
         getEdges(g, edge.to, edges, visited);
      }
   }
}

// 深度優先巡訪有權圖的所有邊（遞推版）
public static List<Edge> getEdges(List<List<Edge>> g, int entry)
{
   var edges = new ArrayList<Edge>();
   var visited = new HashSet<Edge>();
   var stack = new Stack<Iterator<Edge>>();
   stack.push(g.get(entry).iterator());
   while (!stack.isEmpty()) {
      var iterator = stack.peek();
      if (!iterator.hasNext()) {
         stack.pop();
      } else {
         var edge = iterator.next();
         if (visited.add(edge)) {
            edges.add(edge);
            stack.push(g.get(edge.to).iterator());
         }
      }
   }

   return edges;
}
```

相較於頂點的巡訪，巡訪邊的時候需要轉換一種思路，便是一不關心一個頂點是否被存取多次，只要保證邊的存取不重複即可。

6.3 頂點的連通性

「兩個城市之間是否有道路相連」，這個問題抽象到圖模型就成了「兩個頂點之間是否有連通性」。頂點間的連通性（connectivity）指的是從給定的出發頂點到目標頂點之間，是否有（直接或間接的）邊相連。如果有，表示這個出發點與目標頂點有連通性，連通它們的邊按照順序組成的通路，就稱為兩個頂點間的「路徑」（path）。顯然，連通性具有方向，所以連通性對有向圖更有意義。

仍然以這個圖模型為例：

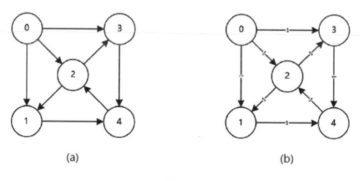

(a)　　　　　　　　　　　　(b)

圖 6-7

頂點 0 與 4 有連通性，而 4 與 0 則沒有連通性。在有向圖上發現頂點間連通性最簡單的辦法，便是 BFS 或 DFS—這次真的要 search 了。從給定入口點出發，進行 BFS 或者 DFS，如果觸及待搜尋的目標頂點，就返回 true，否則返回 false。

很難說 BFS 和 DFS 哪個效率更高。BFS 有其優點，那就是它總能透過最短無權路徑，由中心向外圈推進，而且不用擔心呼叫堆疊溢出的問題。但缺點是當目標頂點離得比較遠的時候，BFS 做的「無用功」比較多，因為它像一個圓面一樣向四周散開。而 DFS 則要「看運氣」─如果一頭栽進一個很深、但又不包含目標頂點的路徑，效率便會很低，反之，運氣好的時候很快就能得到結果。因此，整體而言，它們的效率都是 O(n)。遞迴版的 DFS 雖然要冒著呼叫堆疊溢出的風險，但如果圖的頂點數量不那麼多，還是可以考慮使用─誰讓它的程式碼短、省時間呢！

稍加改動（其實是簡化）前面 BFS 和 DFS 的程式碼，就能得到簡化後的兩版程式碼：

```java
// 廣度優先巡訪（無權圖連通性）
public static boolean isConnected(List<List<Integer>> g,
                                               int entry, int target) {
    var visited = new HashSet<Integer>();
    var q = new LinkedList<Integer>();
    visited.add(entry);
    q.offer(entry);
    while (!q.isEmpty()) {
        var from = q.poll();
        for (var to : g.get(from)) {
            if (to == target) return true;
            if (visited.add(to)) q.offer(to);
        }
    }

    return false;
}

// 深度優先巡訪（無權圖連通性）
```

```
public static boolean isConnected(List<List<Integer>> g,
                    int from, int target, Set<Integer> visited) {
  if (!visited.add(from)) return false; // 對「重複存取頂點」的代價
  for (var to : g.get(from))
    if (to == target || isConnected(g, to, target, visited))
      return true;
  return false;
}
```

測試程式碼，會發現頂點 0 與 4 之間有連通性，反之 4 與 0 之間卻沒有。

有無權重對連通性的影響

圖的邊有沒有權重，其實都不影響頂點之間的連通性。唯一會影響程式碼的，是鄰接表保存的是邊（Edge 實例）而不是頂點（注：更多時候，當討論連通性時，會忽略有權圖上的權，而把有權圖轉換為無權圖）。如果採用鄰接矩陣的表達方式，那麼無論是巡訪或是連通性的程式碼，有權圖和無權圖都是通用的。

這裡採用鄰接表呈現，程式碼如下：

```
// 廣度優先巡訪（有權圖連通性）
public static boolean isConnected(List<List<Edge>> g, int entry,
                                  int target) {
  var visited = new HashSet<Edge>();
  var q = new LinkedList<Integer>();
  q.offer(entry);
  while (!q.isEmpty()) {
    var from = q.poll();
    for (var edge : g.get(from)) {
      if (visited.add(edge)) {
```

```
            if (edge.to == target) return true;
            q.offer(edge.to);
        }
    }
}

return false;
}

// 深度優先巡訪（有權圖連通性）
public static boolean isConnected(List<List<Edge>> g, int from,
                                  int target, Set<Edge> visited) {
    for (var edge : g.get(from))
        if (edge.to == target || visited.add(edge) &&
                        isConnected(g, edge.to, target, visited))
            return true;

    return false;
}
```

仍然是頂點 0 與 4 之間有連通性，反之 4 與 0 之間沒有。

有無向對連通性的影響

　　前面說過，無向圖本質上就是把邊翻了一倍的「加強版」有向圖，所以，之前所有應用於有向圖連通性的程式碼，都可以不加修改直接拿來使用。同時，一旦確認起點和目標點之間有（或無）連通性，那麼目標點與起點間也一定有（或無）連通性，不用再搜尋一遍。

　　無向圖的「雙向性」還帶來兩個有意思的變化。一，可以從起點和目標點開始，同時展開 BFS。這樣一來，當於 visited 快取發現共同存取過的頂點時，便

證明兩點之間有連通性。而且這種「雙源 BFS」的效率，要比從一個頂點開始的「單源 BFS」高一道理很簡單，兩個 6 吋的披薩要比一個 12 吋的小了不少呢！

雙源 BFS 的程式碼如下：

```java
// 雙源廣度優先巡訪（無權圖連通性）
public static boolean isConnected(List<List<Integer>> g,
                                        int entry, int target) {
    Set<Integer> visited1 = new HashSet<>(), visited2 = new
                                                HashSet<>();
    Queue<Integer> q1 = new LinkedList<>(), q2 = new LinkedList<>();
    visited1.add(entry);
    visited2.add(target);
    q1.offer(entry);
    q2.offer(target);
    while (!q1.isEmpty() && !q2.isEmpty()) {
        var from1 = q1.poll(); // 以from為來源的BFS
        for (var to : g.get(from1)) {
            if (visited2.contains(to)) return true;
            if (visited1.add(to)) q1.offer(to);
        }

        var from2 = q2.poll(); // 以target為來源的BFS
        for (var to : g.get(from2)) {
            if (visited1.contains(to)) return true;
            if (visited2.add(to)) q2.offer(to);
        }
    }

    return false;
}
```

也可以把它最佳化成只使用一個 Queue<E>，程式碼如下：

```java
// 雙源廣度優先巡訪（無權圖連通性）
public static boolean isConnected(List<List<Integer>> g, int
                                         entry, int target) {
   Set<Integer> visited1 = new HashSet<>(), visited2 = new
                                         HashSet<>();
   Queue<Integer> q = new LinkedList<>();
   visited1.add(entry);
   visited2.add(target);
   q.offer(entry);
   q.offer(target);
   while (!q.isEmpty()) {
      var from = q.poll();
      if (visited1.contains(from)) { // 以from為來源的BFS
         for (var to : g.get(from)) {
            if (visited2.contains(to)) return true;
            if (visited1.add(to)) q.offer(to);
         }
      } else { // 以target為來源的BFS
         for (var to : g.get(from)) {
            if (visited1.contains(to)) return true;
            if (visited2.add(to)) q.offer(to);
         }
      }
   }

   return false;
}
```

二，如果頻繁地查詢無向圖兩點間的連通性，那麼每次都做 BFS，顯然是不划算，即使加上快取，當圖比較大的時候快取的命中率也很低。那麼，有什麼辦法可以「一勞永逸」嗎？答案是：「有！」

　　還記得之前學過的併查集？完全可以把無向圖的頂點都掃描一遍，並用併查集建立它們之間的連通關係，之後只需要查詢起點和目標點，是不是隸屬於同一個根即可。程式碼如下：

```
public class Connectivity {
    private Map<Integer, Integer> map;

    public Connectivity(List<List<Integer>> g) {
        map = new HashMap<>();
        unionVertices(g);
    }

    private int find(int child) { // 併查集之「查」
        if (!map.containsKey(child))
            map.put(child, child);
        while (child != map.get(child))
            child = map.get(child);
        return child;
    }

    private void union(int u, int v) { // 併查集之「併」
        int uRoot = find(u), vRoot = find(v);
        if (uRoot != vRoot) map.put(uRoot, vRoot);
    }

    private void unionVertices(List<List<Integer>> g) {
        for (var from = 0; from < g.size(); from++)
            for (var to : g.get(from))
                union(from, to); // 核心：根據鄰接關係聯合頂點
    }

    public boolean isConnected(int u, int v) {
```

```
      return find(u) == find(v);
   }

   public int componentCount() {
      var count = 0;
      for (var key : map.keySet())
         if (key == map.get(key)) count++;
      return count;
   }
}
```

　　一旦以一個無向圖作為建構子參數，建立一個 Connectivity 實例後，接著就可以不斷地呼叫 isConnected，快速檢查兩個頂點之間的連通性。作為「副產品」，呼叫 componentCount 方法還能得到這個無向圖是由多少個不相連的元件（component）產生一併查集有幾個根圖，就有幾個不相連的元件。當一個圖（無論有向無向）的元件數大於 1 時，它就是一個「非連通圖」（disconnected graph），否則便是一個「連通圖」（connected graph）。

　　特別要注意的是：無論是雙源 BFS 還是併查集，都不適用於有向圖。道理很簡單一即使起點與目標點都與某個頂點有連通性，也不能證明起點與目標點之間有路徑相連，好比圖 6-8 中的 0 與 4：

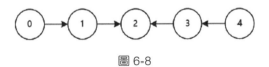

圖 6-8

　　換句話說，雙源 BFS 法或併查集法，只能幫忙證明有向圖的兩個頂點，是否隸屬於圖的同一個元件，無法證明它們之間有連通性（無論是單向還是雙向）。在無向圖上，一旦兩個頂點隸屬於同一個元件，代表它們之間一定是雙向連通。

環對連通性的影響

環路和連通性是兩個關係非常密切的問題。如果把「環」的頂點數限制至少為 3，那麼，在有向圖上，如果起點與目標點有連通性，目標點與起點之間也有連通性，若不是這兩點處於一個環路，便是這兩點由兩條方向相反的邊直接相連。無向圖則複雜一些：兩點之間必須至少有兩條路徑，且這兩條路徑不共用任何邊時，這兩點才處於同一個環路上。

圖上的環路是一個非常有趣的話題，例如「一筆畫問題」、「哈密頓路徑」等都屬於此範疇。但這個話題超出本書的範圍（至少是這一版的範圍），所以暫且放下。

6.4 強連通性元件

聊完連通性，接著是強連通性（strong connectivity）。給定圖上的兩個頂點 u 和 v，如果 u 到 v 有連通性，v 到 u 也有連通性，那麼 u 和 v 之間就是強連通性（注：一個頂點與本身之間，可視為有強連通性）。如果圖上有一組頂點，兩兩之間都有強連通性，那麼這組頂點和它們之間的邊，就構成了一個強連通性元件（strongly connected component，SCC）。請注意，元件和強連通元件是有區別的—元件與元件之間完全沒有連通性，而兩個強連通性元件可能是一個元件的兩個部分，只是分屬於這兩個部分的頂點之間有強連通性，而兩者之間只有意向連通性（注：如果兩者之間也有強連通性，表示這兩個部分可以合併成一個）。

那麼，兩個頂點之間在什麼情況下會有強連通性呢？總結一下就是：

- 有向圖的兩個頂點之間，有兩條方向相反的邊直接相連。
- 有向圖的兩個頂點處於同一個環，亦即有兩條相反的路徑相連。

- 無向圖的兩個頂點之間只要有連通性，就一定是強連通性。
- 有向無環圖（DAG）不可能有強連通性的頂點。

　　顯然，透過總結得知，強連通性對於有向有環圖更具意義。如圖 6-9，它就是一個有向有環圖。稍加觀察圖 (a) 便能發現，它包含兩個強連接元件：頂點 0 獨立成為一個，頂點 1、2、3、4 是一個，且兩個元件之間是單向連通─儘管頂點 0 與頂點 1、2、3 之間都有邊相連，但這三條邊都是由一個強連接元件發出、進入另一個強連接元件，所以只能抽象為一個單向連接。圖 (b) 是圖 (a) 的反轉圖（transpose graph），即把圖 (a) 所有邊的方向都反轉之後得到的圖。觀察圖 (b)，將看到一個有趣的現象，即是：圖 (a) 的強連接元件在其反轉圖圖 (b) 中，仍然是強連接元件；而兩個強連接元件之間的單向連通，也依然是單向連通，只是方向相反。

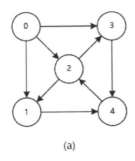
(a)

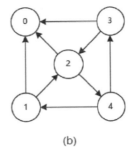
(b)

圖 6-9

Kosaraju-Sharir 演算法

　　利用（有向圖的）正反向圖中，強連接元件相同的特性，S. Rao Kosaraju 和 Micha Sharir 兩位科學家分別獨立發現在有向圖上取得強連接元件的演算法。演算法分為下列三步：

（1）對正向圖做完整的後序 DFS，將頂點按照存取順序存放在一個列表 L 中。

（2）為正向圖產生反轉圖。

（3）從尾到頭，以列表 L 中的元素作為入口點，對反轉圖做 DFS，每得到一個元件便是一個強連通元件。

一個有趣的問題是：為什麼要逆序使用列表中的元素。解釋這個問題前，可以這樣思考：

■ 首先，在正向圖上，以迭代頂點的方式做 DFS，直至存取完所有節點。無論以什麼樣的順序迭代頂點，最終由後序 DFS 產生的列表裡，1、2、3、4 都會排在前面，0 排在最後面，這是它們之間的連通性所導致。換句話說就是：一個強連通元件的頂點都進入列表後，才會輪到下一個強連通元件的頂點。隔開元件的，若非一個單向連通性（例如先以 0 作為出口點），便是迭代順序（例如 0 是最後一個被迭代的頂點）。

■ 我們知道強連接元件之間的連線性肯定是單向的，理論上只要「割斷」這些邊，強連接元件便會浮現出來。可是並不知道哪些邊構成強連接元件之間的單向通路，於是乾脆反轉所有的邊。因為強連通元件在反轉圖中仍然是強連通，相當於只反轉那些構成強連接元件間單向通路的邊。此外，它們仍然組成與過去方向相反的意向連通。

■ 現在，可以利用強連接元件頂點間仍然存在的連通性，把元件一個一個從列表「摘」下來。這時候，如果按照倒序迭代列表的元素，仍然具有強連通性的頂點便會聚在一起，而反轉後的單向通路則正好扮演一個元件間「阻隔」的作用，且不必關心強連接元件間的「阻隔」具體在什麼位置，只需要知道它們存在，可以放心迭代即可。

　　循著上述思路，演算法可由三個函數組合而成。第一個函數，建構正向圖和反轉圖：

```java
public static List<List<Integer>> buildGraph(
      int vCount, int[][] raw, boolean isTranspose) {
   var g = new ArrayList<List<Integer>>();
   for (var v = 0; v < vCount; v++)
      g.add(new ArrayList<>());
   for (var r : raw)
      if (isTranspose)
         g.get(r[1]).add(r[0]);
      else
         g.get(r[0]).add(r[1]);
   return g;
}
```

　　第二個函數，以後序 DFS 的方式將頂點放入列表：

```java
public static void collect(
      List<List<Integer>> g, int from,
      Set<Integer> visited, List<Integer> vertices) {
   if (!visited.add(from)) return;
   for (var to : g.get(from))
      collect(g, to, visited, vertices);
   vertices.add(from); // 後序
}
```

　　第三個函數，兩次 DFS：

```java
public static List<List<Integer>> getSCCs(int vCount, int[][] raw) {
   // 準備正向圖和反轉圖
```

```
    var g = buildGraph(vCount, raw, false);
    var tg = buildGraph(vCount, raw, true);

    // 迭代頂點，並用後序DFS收集頂點
    var visited = new HashSet<Integer>();
    var vertices = new ArrayList<Integer>();
    for (var v = 0; v < vCount; v++)
        if (!visited.contains(v))
            collect(g, v, visited, vertices);

    // 收集強連接元件
    visited.clear();
    var sccList = new ArrayList<List<Integer>>();
    for (var i = vertices.size() - 1; i >= 0; i--) {
        var v = vertices.get(i);
        if (visited.contains(v)) continue;
        var scc = new ArrayList<Integer>();
        collect(tg, v, visited, scc);
        sccList.add(scc);
    }

    return sccList;
}
```

接著測試程式碼：

```
public static void main(String[] args) {
    int[][] raw = { // {from, to}
        {0, 1}, {0, 2}, {0, 3}, {1, 4},
        {2, 1}, {2, 3}, {3, 4}, {4, 2}};

    var sccList = getSCCs(5, raw);
```

```
    for (var scc : sccList)
    System.out.println(scc);
}
```

可以看到輸出：

```
[0]
[3, 4, 2, 1]
```

如果嘗試反轉 0->1、0->2、0->3 三條邊的任意一條或兩條（不允許三條），將發現強連通性元件從兩個減少為一個。另外，無論是單元件有向圖還是多元件有向圖，都可應用這個演算法。本例只有一個單元件圖，大家可以自行測試多元件圖。若想知道是哪些邊建構強連通元件之間的單向連通，只需把所有邊都迭代一遍，兩個頂點分屬於不同元件的邊（們）即是（注：可把強連通性元件放入併查集，以提高頂點分屬查詢的效率）。

6.5 圖上的路徑

如果「能不能從一個城市通往另一個城市」的答案是肯定的，下一個問題八成會是「怎麼去」。現實世界中，通常把從出發點到目的地之間的通路稱為路徑，圖模型也差不多—在圖上從一個頂點到（與它有連通性的）另一個頂點之間的邊，按照順序連接成的通路稱為路徑（path）。

路徑能讓我們從一個地方到另一個地方，以達成某些目的，所以，它總是和美好的描述聯繫在一起。像「曲徑通幽處，禪房花木深」、「晚上寒山石徑斜，白

雲生處有人家」等，以致於常常過於關注路徑這個工具，特別在意「終南捷徑」中的「捷」，而忘記「書山有路勤為徑」還有個「勤」字。

那麼，圖上應該如何取得兩個頂點間的路徑呢？

首先，圖跟樹不同，圖沒有「葉子節點」一說，所以不能像在樹上找路徑那般從根出發，到葉子收尾（或者反過來）。因此，在圖上尋找路徑的時候，一定要明確給出起始頂點和目標頂點。其次，必須決定在什麼圖尋找路徑。雖說路徑是由邊構成，但只要確定一條邊的起點和終點，也就確定了這是哪條邊；或者說，當單純地尋找路徑時，無權圖就已足夠，所以，本節的例子都是在由鄰接表呈現的無權圖上展開。最後，如果起迄頂點之間無任何連通性，表示不可能找到路徑。而連通性測試的成本又比較低（只有 O(n)），所以，現實工作中應該先做一次連通性判斷，然後再開始尋找路徑；而不是一上來就尋找路徑，當空手而歸的時候，再告訴呼叫者兩點之間根本沒有連通性。為了簡潔起見，本節例子使用的都是有連通性的頂點，請記住：工作中遇到的問題往往都很現實，遠不像書裡的那麼「陽春白雪」。

演算法方面，無論是遞推觀念還是遞迴觀念，都能協助從圖中取得路徑，只是不再以「遞推」或者「遞迴」來稱呼，反而更習慣用「BFS 式」還是「DFS 式」進行溝通—這兩種方法背後的思維方式都是遞推，這一點似乎已被忽略，講出來又顯得很矯情。「真正的」遞迴，也就是「自下而上」的遞迴，也可以取得路徑，只可惜圖沒有「葉子」，這個「下」說得略顯底氣不足。回溯也是獲得路徑的利器。這麼說來，本節的內容頗像第 1、2 章的一個「升級 + 複刻」版。

下面分別使用這些方法在圖上取得頂點間的路徑。目標是在底下的圖模型搜尋 0 與 2 之間的所有路徑。顯然，結果集應該有三條路徑，分別是 0->2、0->1->4->2 和 0->3->4->2。

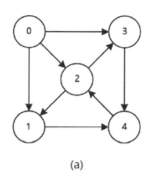
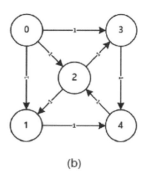

(a)   (b)

圖 6-10

　提醒一句，所有使用 Set<E> 實例記錄頂點存取歷史，同時以 List<E> 保存路徑結果的地方，都可以改用 JDK 特有的 LinkedHashSet<E> 進行「二合一」式的取替，此處便不贅述，請大家自行嘗試。

BFS 式路徑搜尋

　BFS 式路徑搜尋與 BFS 的相似之處在於：它們都是以起始頂點為中心，在避免重複存取頂點的情況下，逐層向外推進。因為是逐層推進，所以 BFS 式路徑搜尋找到的第一條路徑，一定是無權最短路徑。

　它們的差異之處在於：

（1）BFS 用來防止重複頂點存取記錄是全域的，而 BFS 式路徑搜尋的每條路徑，都必須有自己獨立的頂點存取記錄。

（2）BFS 的終止條件是巡訪到所有連通的頂點，而 BFS 式路徑搜尋的終止條件，是探查完畢所有可能的路徑。

程式碼如下：

```
public static List<List<Integer>> getPaths(List<List<Integer>> g,
                                            int start, int end) {
   var paths = new ArrayList<List<Integer>>(); // 路徑集
   var visited = new HashSet<Integer>();
   var path = new ArrayList<Integer>();
   visited.add(start); path.add(start);
   var vq = new LinkedList<HashSet<Integer>>();
   var pq = new LinkedList<ArrayList<Integer>>();
   vq.offer(visited); pq.offer(path);
   while (!vq.isEmpty()) {
      visited = vq.poll(); path = pq.poll();
      var from = path.get(path.size() - 1);
      for (var to : g.get(from)) {
         if (visited.contains(to)) continue; // 有環，捨棄
         var visitedExt = new HashSet<>(visited);
         var pathExt = new ArrayList<>(path);
         visitedExt.add(to); pathExt.add(to); // 擴展路徑和存取記錄
         if (to == end) {
            paths.add(pathExt);
         } else {
            vq.offer(visitedExt); pq.offer(pathExt);
         }
      }
   }

   return paths;
}
```

如果只想找到一條無權最短路徑，那麼在第一次觸發 to == end 時便可返回結果。仔細觀察這個函數的呼叫結果，會發現結果集的第一個路徑也是最短路

徑。道理很簡單—無權最短路徑的盡頭一定是最先到達，也是最先加入結果集。不排除一個圖有多條無權最短路徑，但它們的長度肯定都是一樣的。

　　另外，這版程式碼的記憶體開銷很大—為每個路徑都配備了一個 HashSet<E> 實例和一個 ArrayList<E> 實例，並且每層都會建立新實例。同時，每層都要丟棄不完全或不合格（有環）的路徑，以及它們的頂點存取記錄。

DFS 式路徑搜尋

　　保持（隱含的）遞推觀念不變，很容易就能從 BFS 式路徑搜尋程式碼，修改出 DFS 式的版本：

```
public static void getPaths(
    List<List<Integer>> g, int from, int end,
    Set<Integer> visited, List<Integer> path,
    List<List<Integer>> paths) {
  visited.add(from); path.add(from);
  if (from == end) {
    paths.add(path);
  } else {
    for (var to : g.get(from)) {
      if (visited.contains(to)) continue;
      var visitedExt = new HashSet<>(visited);// 此三行可併作一行
      var pathExt = new ArrayList<>(path);
      getPaths(g, to, end, visitedExt, pathExt, paths);
    }
  }
}
```

雖然記憶體的消耗方面沒有任何改觀，而且還要冒著呼叫堆疊溢出的風險，但這版程式碼的確縮短不少。如果不想讓遞迴函數帶有這麼多參數，可以考慮把 visited、path 和 paths 都轉換為欄位。

自下而上式路徑搜尋

早先曾討論過─自帶「對齊效果」的自下而上式遞迴才是純正的遞迴。因為圖沒有「葉子」一說，所以，搜尋路徑時的「下」便是路徑的終點，「上」自然就是路徑的起點。自上而下式的遞迴程式碼，依靠參數向下層呼叫傳遞「半成品」結果；自下而上式的遞迴程式碼，則倚重返回值向上層呼叫傳遞「半成品」結果。因此，程式碼如下：

```
public static List<List<Integer>> getPaths(
    List<List<Integer>> g, int from, int end, Set<Integer>
                                        visited) {
  visited.add(from);
  var paths = new ArrayList<List<Integer>>();
  if (from == end) { // 種子：路徑的盡頭
    var path = new LinkedList<Integer>();
    path.add(end); paths.add(path);
  } else {
    for (var to : g.get(from)) {
      if (visited.contains(to)) continue;
      var visitedExt = new HashSet<>(visited);// 此三行可併作一行
      var subPaths = getPaths(g, to, end, visitedExt);
      for (var path : subPaths) {
        path.add(0, from); paths.add(path);
      }
    }
  }
```

```
    return paths;
}
```

如果提取出 if 語句 true 分支和 false 分支的公用部分，就能得到一個工程簡潔但語義略顯晦澀的版本。其實這類程式碼充斥著各種書籍，雖然在工程方面「一步到位」，但著實妨礙學習者理解演算法觀念。程式碼如下：

```
public static List<List<Integer>> getPaths(
    List<List<Integer>> g, int from, int end, Set<Integer>
                                        visited) {
  visited.add(from);
  var paths = new ArrayList<List<Integer>>();
  if (from == end) {
    paths.add(new LinkedList<>());
  } else {
    for (var to : g.get(from)) {
      if (visited.contains(to)) continue;
      var visitedExt = new HashSet<>(visited);// 此三行可併作一行
      var subPaths = getPaths(g, to, end, visitedExt);
      paths.addAll(subPaths);
    }
  }

  // 公用部分：將本層頂點插入所有路徑開頭
  for (var path : paths) path.add(0, from);
  return paths;
}
```

因為「自下而上」式既不容易想清楚，又不好實作，而且在記憶體使用方面也沒什麼優勢，所以無論是工作、競賽還是面試時都很少用到，寫出來的目的只

是為了豐富思路和設計程式經驗─當面對多個方法猶豫不決的時候，如果知道其中某個方法不易思考、不好實作，便可即早捨棄，變相地堅定了選擇其他方法的決心和信心。

回溯式路徑搜尋

第 2 章曾提過「回溯式遞迴」的觀念源於對迷宮的探索。現在，又拿起回溯式遞迴的工具──一個設計完備的迷宮不就是一個圖嘛！於是，手執「阿里阿德涅之線」，便可得到下列的程式碼：

```java
public static void explore(
    List<List<Integer>> g, int from, int end,
    Set<Integer> visited, List<Integer> path,
    List<List<Integer>> paths) {
  visited.add(from);
  path.add(from);
  if (from == end) {
    paths.add(new ArrayList<>(path));
  } else {
    for (var to : g.get(from)) {
      if (visited.contains(to)) continue;
      explore(g, to, end, visited, path, paths);
    }
  }
  path.remove(path.size() - 1);
  visited.remove(from);
}
```

回溯式遞迴簡短明快、節奏感強，同時又十分節省記憶體和運算開銷，可說是在圖上列舉兩點間路徑的最佳方案。由於「自上而下」和「自下而上」的遞迴

繁瑣且效率低，所以並沒有將它們轉換為以 Stack<E> 代替呼叫堆疊的遞推版。
但富有禪意的回溯式遞推版，絕對值得這麼做，程式碼如下：

```java
public static List<List<Integer>> explore(
                    List<List<Integer>> g, int start, int end) {
   var paths = new ArrayList<List<Integer>>();
   var visited = new HashMap<Integer, Iterator<Integer>>();
   var path = new Stack<Integer>();
   visited.put(start, g.get(start).iterator());
   path.push(start);
   while (!path.isEmpty()) {
      var from = path.peek();
      var iterator = visited.get(from);
      if (from == end) { // 找到路徑
         paths.add(new ArrayList<>(path));
         path.pop(); visited.remove(from);
      } else if (!iterator.hasNext()) { // 行至盡頭
         path.pop(); visited.remove(from);
      } else { // 繼續向深處探索
         var to = iterator.next();
         if (!visited.containsKey(to)) {
            visited.put(to, g.get(to).iterator());
            path.push(to);
         }
      }
   }

   return paths;
}
```

取得環路

　　搜尋路徑的時候，通常只關注無權圖，所以不存在權對路徑的影響。從有向圖變成無向圖僅僅是增加邊，因此程式碼依然適用。在所有版本的程式碼中，都有一個頂點存取歷史記錄器（visited），它的作用便是為了防止圖上的環路，使程式碼陷入無窮迴圈或無限遞迴，所以，環路並不會影響路徑的搜尋。

　　但有時候，我們的任務就是要探測一個圖有沒有環，順便保存環路。怎麼做呢？並不困難一仔細觀察回溯式遞迴搜尋路徑的程式碼便能發現，其實它已經具備探測和儲存環路的能力！只需做做「減法」、移除保存路徑的功能即可。如果要求儲存環路，只需告訴它環路上最少有幾個頂點就行了。

　　遞迴版程式碼如下：

```
public static void getCycles(
    List<List<Integer>> g, int from, int cycleLen,
    Set<Integer> visited, List<Integer> path,
    List<List<Integer>> cycles) {
  visited.add(from);
  path.add(from);
  for (var to : g.get(from)) {
    if (visited.contains(to)) {
      var pos = path.indexOf(to);
      if (path.size() - pos >= cycleLen) {
        var cycle = new ArrayList<>(path.subList(pos, path.
                                                   size()));
        cycles.add(cycle);
      }
    } else {
      getCycles(g, to, cycleLen, visited, path, cycles);
    }
```

```
    }
    path.remove(path.size() - 1);
    visited.remove(from);
}
```

以 List<Integer> 取代函數呼叫堆疊後的遞推版，程式碼如下：

```
public static List<List<Integer>> getCycles(
               List<List<Integer>> g, int start, int cycleLen) {
    var cycles = new ArrayList<List<Integer>>();
    var visited = new HashMap<Integer, Iterator<Integer>>();
    var path = new ArrayList<Integer>();
    visited.put(start, g.get(start).iterator());
    path.add(start);
    while (!path.isEmpty()) {
        var tailIndex = path.size() - 1;
        var from = path.get(tailIndex);
        var iterator = visited.get(from);
        if (!iterator.hasNext()) { // 行至盡頭
            path.remove(tailIndex);
            visited.remove(from);
        } else { // 繼續向深處探索
            var to = iterator.next();
            if (!visited.containsKey(to)) {
                visited.put(to, g.get(to).iterator());
                path.add(to);
            } else {
                var pos = path.indexOf(to);
                if (path.size() - pos >= cycleLen) {
                    var cycle = new ArrayList<>(path.subList(pos,
                                                  path.size()));
                    cycles.add(cycle);
```

```
                }
            }
        }
    }

    return cycles;
}
```

使用這兩個函數的時候，有幾點需要注意：

（1）若想探測一個圖上有沒有環，需試著將每個頂點都當作入口點。

（2）取得的環路存在大量的重複，必須另寫函數去除重複性。

（3）subList 方法不能產生一個獨立的 List<E>，而且它的索引取值區間為左閉右開。

思考題

可以沿著這個方向對圖進行簡化：去掉有向有環圖上的環，變成有向無環圖（directed acyclic graph，DAG）。讓有向無環圖上的頂點不共用下一層頂點，有向無環圖就變成了樹。請思考兩個問題：

（1）使用 BFS 和 DFS 巡訪時，有向有環圖、有向無環圖與樹等，是否需要記錄頂點存取歷史？為什麼？

（2）進行 BFS 式或 DFS 式路徑搜尋時，有向有環圖、有向無環圖與樹等，是否需要記錄頂點存取歷史？為什麼？

6.6 最短路徑

有句諺語是：「條條大路通羅馬（All Roads Lead to Rome）。」如果抽象成圖模型，指的就是從正被存取的某個頂點到羅馬這個頂點，有著多條路徑。時間和資源的有限性，無時無刻不在塑造著我們的大腦，讓節省成本、尋找捷徑成為全人類共同的行為。因此，當路徑多於一條的時候，總會習慣性地詢問：「哪條路徑最短呢？」

如果邊沒有權重（相當於每條邊的權重都一樣），那麼兩個頂點間的最短路徑，一定是邊最少路徑，稱為「無權路徑」，以 BFS 式演算法就能找到。但當邊的權重不完全一樣時，BFS 便無能為力。也就是說，對於考慮權重的「有權路徑」來說，需要設計新的演算法。窮舉出所有路徑再進行比較，當然也是一種演算法，但它的效能太低－假設頂點數為 n 的無向圖上，每個頂點與其他頂點都是相連的，那麼窮舉路徑的時間複雜度是 O(n^2)。

本節在設計最短路徑演算法的時候，將採用下面的圖模型：

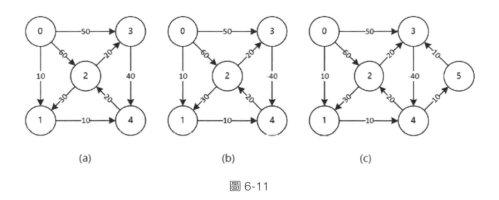

圖 6-11

很顯然，它們是有向有權圖。仔細觀察後發現，邊的方向與上一節的圖模型一致，所以，應該很瞭解從 0 到 2 有哪些路徑。但因為要考慮權重，因此總權重

為 40 的 0->1->4->2 這條路徑是最短路徑（或者說「最佳路徑」）。0->2 雖然是無權最短路徑，但它的總權重是 60；0->3->4->2 這條路徑的總權重則是 110，所以這兩條都不是最短路徑。圖 (b) 將 3 與 4 之間的權重變成 -40，這樣就有了一條「負邊」，看看這種情況下演算法會受到什麼影響。圖 (c) 則在圖 (b) 的基礎上增加頂點 5，並且 3->4->5 形成一個總權重為負的「負環」，下文會研究負環對最短路徑所產生的影響。

建構這三個圖的程式碼如下：

```java
public static void main(String[] args) {
    int[][] aRaw = { // {from, to, weight}
        {0, 1, 10}, {0, 2, 60}, {0, 3, 50}, {1, 4, 10},
        {2, 1, 30}, {2, 3, 20}, {3, 4, 40}, {4, 2, 20}};

    int[][] bRaw = { // {from, to, weight}
        {0, 1, 10}, {0, 2, 60}, {0, 3, 50}, {1, 4, 10},
        {2, 1, 30}, {2, 3, 20}, {3, 4, -40}, {4, 2, 20}};

    int[][] cRaw = { // {from, to, weight}
        {0, 1, 10}, {0, 2, 60}, {0, 3, 50}, {1, 4, 10},
        {2, 1, 30}, {2, 3, 20}, {3, 4, -40}, {4, 2, 20},
        {4, 5, 10}, {5, 3, 10}};

    var ga = buildWeightedGraph(5, aRaw);
    var gb = buildWeightedGraph(5, bRaw);
    var gc = buildWeightedGraph(6, cRaw);
}
```

函數 buildWeightedGraph 和相關的 Edge 類別，可以在圖的表達一節找到程式碼。同時，為了能讓邊根據其權重排序，於是建立了 EdgeComparator 類

別，並讓它實作 Comparator<T> 介面，程式碼如下：

```
public class EdgeComparator implements Comparator<Edge> {
    public int compare(Edge e1, Edge e2) {
        if (e1.weight > e2.weight) return 1;
        if (c1.weight < e2.weight) return -1;
        return 0;
    }
}
```

Dijkstra 最短路徑演算法

　　Dijkstra 演算法是在圖上搜尋給定起點和終點間最短路徑的演算法。因為給了起點，所以它是一種單源最短路徑（single-source shortest path，SSSP）演算法。Dijkstra 演算法有兩個版本，一個是應用貪婪演算法（greedy algorithms）的「快速版」，另一個則是未應用貪婪演算法的「慢速版」。「快速版」一定比「慢速版」好嗎？學完這節便可回答這個問題。

　　因為「慢速版」是 Dijkstra 演算法的觀念源頭，所以先從它開始。Dijkstra 演算法的基本原理是：像 BFS 一樣從起點向四周推進，並累加所經邊的權重，允許多次存取一個頂點，但只保留到達這個頂點時，累加權重最小的一次。當多次存取某個頂點，並且後面存取的累加權重比前面小時，就用較小的累加權重代替較大的，這個行為稱作「鬆弛」（relax，與 tighten 意義相反）—如果把起點到這個被多次存取的頂點之間的路徑比作一根弦，累加權重比作繃緊這根弦的張力，那麼，當累加的權重不斷降低時，當然是在「鬆弛」這條弦。一旦鬆弛某個頂點後，確切地説是「從起點到某個頂點之間的不完全路徑被鬆弛後」，代表鬆弛了由這個頂點出發的路徑，因此需要重新計算。

實作這個演算法，得到下列程式碼：

```
public static int[][] find(List<List<Edge>> g, int start) {
    var vCount = g.size();
    int[] in = new int[vCount], w = new int[vCount];
    Arrays.fill(w, Integer.MAX_VALUE); // 相當於填滿正無窮大
    in[start] = start; w[start] = 0;    // 起點由起點進入，累加權重為0
    var q = new LinkedList<Integer>();
    q.offer(start);
    while (!q.isEmpty()) {
        var from = q.poll();
        for (var e : g.get(from)) {
            var ww = w[from] + e.weight;
            if (ww < w[e.to]) { // 鬆弛
                w[e.to] = ww;
                in[e.to] = from;
                q.offer(e.to);
            }
        }
    }

    return new int[][]{in, w};
}
```

相信已經注意到：find 函數的參數只有 start 而沒有 end，這是因為「慢速版」的 Dijkstra 演算法並沒有一個明確的「指向性」，而是試圖把所有與起始頂點有連通性的頂點，都鬆弛到正確的權重上。程式碼利用整數陣列 in，記錄在最鬆弛的路徑上頂點之間的進入關係（即「從哪裡來」），整數陣列 w 則記錄最鬆弛的累加權重。為了從 in 中把路徑「擷取」出來，需要一個函數：

```java
public static List<Integer> extractPath(int[] in, int end) {
    var path = new LinkedList<Integer>();
    while (end != in[end]) {
        path.addFirst(end);
        end = in[end];
    }

    path.addFirst(end);
    return path;
}
```

如果用圖 (a) 測試 find 函數：

```java
int start = 0, end = 2;
var res = find(ga, start); // 依序代入ga/gb/gc
var path = extractPath(res[0], end);
System.out.println(path);
System.out.println(res[1][end]);
```

輸出結果是 [0, 1, 4, 2] 和 40。的確，圖 (a) 的最短路徑是 0->1->4->2，路徑權重是 40。將 ga 換成 gb，即用圖 (b) 進行測試，則可看到最短路徑變成 [0, 3, 4, 2]，且路徑權重是 30，也是正確的結果。由此可知，「慢速版」Dijkstra 演算法能夠應對負邊。

但如果把 gc 代入測試，會發現程式停不下來！為什麼呢？因為圖 (c) 有個負環。一旦負環的頂點進入佇列，邏輯上在負環每轉一圈，這些頂點就會鬆弛一次—因為負環可以讓累加權重無限減小，於是，佇列 q 便一直不會變空，程式也一直停不下來—除非真的很有耐心，一直等到 Java 的負數運算溢出後得到一個正數，但那又有什麼用呢？結果是錯的。

　　所以，結論是：「慢速版」Dijkstra 演算法可以用來取得無負環有權圖的最短路徑，圖的有無向不會影響這個演算法。圖上有正環也沒有關係，因為在正環轉一圈的話，累加權重肯定會增加，絕對不會導致鬆弛的發生（好比是屋子外面在下雨，無論雨大雨小，只要出去轉一圈，身上絕對會比坐在屋子裡不動要濕）。如果圖上有多條最短路徑呢？「慢速版」Dijkstra 演算法只會幫忙保留其中的一條，至於是哪條，端賴鄰接表裡面的儲存順序。另外，因為「慢速版」Dijkstra 演算法會「扎扎實實」地為每一個路過的頂點（即與起點有連通性的頂點）進行鬆弛，因此結果集 in 和 w 裡，其實是記錄起點到全部頂點的最短路徑和累加權重，這就是為什麼稱「慢速版」Dijkstra 演算法為「單源全對最短路徑」（single-source all-pairs shortest path，SSAPSP）演算法的原因。

　　理解 Dijkstra 演算法的「慢速版」，下面看看它的「快速版」。一般而言，若想提速一種演算法的話，首先要做的就是盡可能避免重複運算。「慢速版」Dijkstra 演算法的特點是「扎實」—每個與起點相連通的頂點，都被細緻地「鬆弛」過，特別是那些被多條路徑共用的頂點，將會探測多次。探測多次被路徑共用的頂點，這就是「慢速版」的重複性所在。一個問題擺在面前：有沒有可能對頂點的鬆弛「一步到位」，只探測一遍？答案是「有」，方法則是把「慢速版」中的佇列（Queue<E>）更換為優先佇列（PriorityQueue<E>），然後總是優先以累加權重最小（即最鬆弛）的不完整路徑作為基礎，以向週邊延伸。因為總是選擇最鬆弛的不完整路徑，所以最先觸及終點、達到完整的路徑便是最短路徑—這是「貪婪演算法」（greedy algorithm）的典型應用。循著這個思路，可以把程式碼升級為：

```
public static int[][] find(List<List<Edge>> g, int start, int end) {
    var vCount = g.size();
    int[] in = new int[vCount], w = new int[vCount];
    Arrays.fill(w, Integer.MAX_VALUE); // 相當於填滿正無窮大
```

```
    in[start] = start; w[start] = 0;     // 起點由起點進入，累加權重為0
    var pq = new PriorityQueue<>(new EdgeComparator()); // 升級！
    var seed = new Edge(start, start, 0);
    pq.offer(seed);
    while (!pq.isEmpty()) {
        var mostRelaxed = pq.poll();        // 總是取得最鬆弛的虛擬邊
        if (mostRelaxed.to == end) break; // 觸及終點
        var from = mostRelaxed.to;
        for (var e : g.get(from)) {
            var ww = w[from] + e.weight;
            if (ww < w[e.to]) { // 鬆弛
                w[e.to] = ww;
                in[e.to] = from;
                pq.offer(new Edge(start, e.to, ww));// 壓入鬆弛後的虛擬邊
            }
        }
    }

    return new int[][]{in, w};
}
```

　　程式碼將鬆弛後產生的不完整路徑，看作一條由起點到剛被鬆弛的頂點的「虛擬邊」，並且壓入優先佇列。一旦從優先佇列彈出的「目前最鬆弛的虛擬邊」觸及終點，就找到了最短路徑，立刻打斷迴圈。

　　不像「慢速版」，「快速版」需要知道終點是誰。將圖 (a) 代入演算法進行測試：

```
int start = 0, end = 2;
var res = find(ga, start, end); // 依序代入ga/gb/gc
var path = extractPath(res[0], end);
```

```
System.out.println(path);
System.out.println(res[1][end]);
```

得到輸出 [0, 1, 4, 2] 和 40，結果正確。但如果嘗試代入有負邊的圖 (b)，仍然是得到輸出 [0, 1, 4, 2] 和 40，而不是期望的 [0, 3, 4, 2] 和 30。為什麼呢？仔細觀察就會發現，因為優先佇列總會先彈出最鬆弛的虛擬邊，結果便是權重為 50、從 0 到 3 的邊，一直沒有機會彈出來，因此也無法與後面權重為 -40 的邊相結合。此時，如果把從 0 到 3 的邊的權重改為 30，就能得到正確結果 [0, 3, 4, 2] 和 10。這又是為什麼呢？原因很簡單，當從 0 到 3 的邊權重由 50 降為 30 時，就有機會從優先佇列彈出這條邊，進而與權重為 -40 的邊結合為更鬆弛的虛擬邊，直到發現最短路徑。由此可見，Dijkstra 演算法的「快速版」不具備妥善應對負邊的能力。那麼，如果把 gc 代入演算法呢？將看到 [0, 1, 4, 2] 和 40 的錯誤結果。若把圖 (c) 中從 0 到 3 的邊的權重降為 30，由 4->5->3 形成的負環就會不斷地產生「更加鬆弛」的負虛擬邊，導致演算法邏輯陷入負環裡，再也無法停下來。所以，Dijkstra 演算法的「快速版」也無法妥善地處理負環。

總結一下：Dijkstra 演算法的「快速版」雖然會盡最大可能避免重複的鬆弛操作，但它只適用於沒有負邊（自然也就沒有負環）的圖。（注：Dijkstra 演算法的「快速版」能否處理帶負邊和帶負環的圖，完全是看運氣——負邊前的小正邊能讓更鬆弛的不完整路徑進入優先佇列，而負環前的大正邊能阻止邏輯陷入負環，但是，誰又肯把演算法的正確性賭在運氣上呢？）

Bellman-Ford 最短路徑演算法

如果把「慢速版」（即 Queue<E> 版）Dijkstra 演算法視為標竿，用「樸實中庸」來形容，那麼「快速版」（即 PriorityQueue<E> 版）則可用「靈動飄逸」來形容，因為它應用了「貪婪法」。如此一來，Bellman-Ford 演算法則是走向與

「快速版」Dijkstra 演算法相反的一端，可用「憨厚魯鈍」來形容，因為它應用了「窮舉法」。「窮舉法」是我們的老朋友，這一次它又是怎麼出場呢？

假設有一個有向有權圖，那麼，最極端的情況下，它的最短路徑最長能有多長？顯然，答案就是所有頂點都在這條最短路徑上，而且路徑上的邊一定是頂點的總數減 1。於是可以得到一個推論─以所有的邊嘗試鬆弛每一個頂點，最多嘗試頂點總數減 1 次，那麼即使是最極端長的最短路徑，也應該浮現出來了─除非這個圖根本就沒有最短路徑。形象一點表達就是：利用所有的邊，對全部的頂點「狂轟濫炸」頂點總數減 1 次，透過「窮舉法」逼最短路徑現身。這哪裡是什麼「憨厚魯鈍」，簡直是「簡單粗暴」嘛⋯⋯

循著上述思路，Bellman-Ford 演算法的程式碼如下：

```java
public static int[][] find(List<List<Edge>> g, int start) {
    var vCount = g.size();
    int[] in = new int[vCount], w = new int[vCount];
    Arrays.fill(w, Integer.MAX_VALUE); // 相當於填滿正無窮大
    in[start] = start;
    w[start] = 0;
    var allEdges = new ArrayList<Edge>();
    for (var edges : g) allEdges.addAll(edges); // 聚集所有邊
    for (var i = 1; i <= vCount - 1; i++) {
        for (var e : allEdges) {
            if (w[e.from] == Integer.MAX_VALUE) continue;
                                             // 暫時無法放鬆
            var ww = w[e.from] + e.weight;
            if (ww < w[e.to]) { // 鬆弛
                w[e.to] = ww;
                in[e.to] = e.from;
            }
        }
    }
```

```
    }

    return new int[][]{in, w};
}
```

把圖 (a) 和圖 (b) 代入演算法，如同 Dijkstra 演算法「慢速版」一樣，得到 [0, 1, 4, 2] 和 [0, 3, 4, 2] 兩條最短路徑，以及它們的累加權重 40 和 30。這說明 Bellman-Ford 與 Dijkstra 演算法「慢速版」一樣，可以應對全正邊圖和有負邊無負環的圖，同時，他們也都是不需要終點的單源全對最短路徑（SSAPSP）演算法。

如果把圖 (c) 帶有負環的圖代入演算法，會出現什麼情況呢？由結果發現，程式進入閉迴圈，停不下來了！不過，這次倒不是 find 函數陷入負環陷阱，因為 Bellman-Ford 演算法強制規定迴圈的最大次數一頂點總數減 1，再乘以邊的總數，所以 Bellman-Ford 演算法不會停不下來。反而是我們的 extractPath 進入閉迴圈一因為 in 陣列的確記載了一個環路。

升級 extractPath 函數的邏輯當然是個方法，但問題的根源仍然在這版 Bellman-Ford 中。有什麼辦法讓 Bellman-Ford 本身就帶有識別負環的能力呢？當然有！可以這樣最佳化：

```
public static int[][] find(List<List<Edge>> g, int start) {
    var vCount = g.size();
    int[] in = new int[vCount], w = new int[vCount];
    Arrays.fill(w, Integer.MAX_VALUE);
    in[start] = start; w[start] = 0;
    var allEdges = new ArrayList<Edge>();
    for (var edges : g) allEdges.addAll(edges);
    var relaxed = false; // 記錄是否有鬆弛發生
    for (var i = 1; i <= vCount; i++) { // 多執行一次
```

```
      relaxed = false;
      for (var e : allEdges) {
         if (w[e.from] == Integer.MAX_VALUE) continue;
         var ww = w[e.from] + e.weight;
         if (ww < w[e.to]) { // 鬆弛
            w[e.to] = ww;
            in[e.to] = e.from;
            relaxed = true; // 標記
         }
      }

      if (!relaxed) break; // 提速！沒有可鬆弛了
   }

   if (relaxed) return null; // 還在鬆弛，定有負環
   return new int[][]{in, w};
}
```

　　採取的辦法是：以一個 boolean 類型的變數 relaxed，記錄一趟 for 迴圈是否有鬆弛操作發生，並且讓 for 迴圈多執行一次—執行頂點的總數次。如果在多執行一次之後，仍然會發生鬆弛操作，說明圖上必然有負環，便可返回 null 值作為結果，並且拋出異常。此外，這個標記還能協助 for 迴圈即早退出—當一趟 for 迴圈走下來，已經沒有頂點可被鬆弛時，代表所有與起點有連通性的頂點都已經做好鬆弛，不必再「轟炸」了。

Floyd-Warshall 最短路徑演算法

　　對於給定的有向有權圖，若想頻繁地取得兩個隨機頂點間的最短路徑，應該怎麼辦呢？當然可以預先使用 Dijkstra 或 Bellman-Ford 演算法，先求出、快取兩兩頂點間的最短路徑，然後再頻繁查詢。但這裡有一個更好的選擇，即是 Floyd-

Warshall 演算法。與 Dijkstra 和 Bellman-Ford 兩種單源最短路徑（SSSP）演算法不同，Floyd-Warshall 演算法天生就是全對最短路徑（all-pairs shortest path，APSP），而且無需指明起點。

有人可能會想：「前面單源最短路徑的演算法都需要動點腦筋，現在 Floyd-Warshall 演算法這麼厲害，連源頭都不用指出，就能求出所有頂點間的最短路徑，一定很難理解吧！」恰恰相反，Floyd-Warshall 演算法的原理簡單到一句話就能説清，而且連小孩子都能明白—假設從城市 A 到城市 C 之間有直達車，也有經過城市 B 中轉的車，如果去 B 中轉反而比直達車還快（堵車、修路等，都有可能造成這種局面），那麼就中轉一下好了。

基於這個簡單的觀念，再次拿出「窮舉法」這個法寶，於是得到 Floyd-Warshall 演算法的程式碼：

```
public static int[][][] find(List<List<Edge>> g) {
    var n = g.size();                    // 頂點總數
    int[][] in = new int[n][n], w = new int[n][n];

    // 初始化
    for (var from = 0; from < n; from++) {
        for (var to = 0; to < n; to++) {
            in[from][to] = -1;           // -1表示無連通性
            w[from][to] = Integer.MAX_VALUE; // 無連通則路徑權重無窮大
        }
        in[from][from] = from;           // 自己到自己
        w[from][from] = 0;               // 自己到自己的權重為0
        for (var e : g.get(from)) {// 用直達邊刷新
            in[from][e.to] = from;
            w[from][e.to] = e.weight;
        }
    }
```

```
// 窮舉掃描：by-from-to，層級不能錯！
for (var by = 0; by < n; by++) {
    for (var from = 0; from < n; from++) {
        for (var to = 0; to < n; to++) {
            if (w[from][by] == Integer.MAX_VALUE
                    || w[by][to] == Integer.MAX_VALUE) continue;
            var ww = w[from][by] + w[by][to];
            if (ww < w[from][to]) { // 鬆弛
                w[from][to] = ww;
                in[from][to] = by; // 中轉：從from到to，途經by最划算！
            }
        }
    }
}

return new int[][][]{in, w};
}
```

測試程式碼如下：

```
var res = find(ga); // 分別代入ga/gb/bc
int[][] in = res[0], w = res[1];
var path = extractPath(in[0], 2);   // 擷取0到2的最短路徑
System.out.println(path);
System.out.println(w[0][2]);        // 查詢0到2最短路徑的累加權重
```

　　函數的返回值是一個三維整數陣列，比較少見，所以看看如何解讀它。find
函數的本意是想返回兩個二維整數陣列（int[][]）實例。兩個二維陣列的第一維
都代表起點（from），第二維則是終點（to）。第一個 int[][] 實例儲存的是構成最
短路徑的邊，第二個 int[][] 實例則存放兩個頂點間最短路徑的累加權重。因為函

數不支援返回兩個結果，所以只能把它們裝在一個有兩個元素的三維整數陣列中。以代入圖 (a) 後產生的結果為例，兩個 int[][] 實例儲存的值分別是：

in		to				
		0	1	2	3	4
from	0	0	0	4	0	1
	1	-1	1	4	4	1
	2	-1	2	2	2	1
	3	-1	4	4	3	3
	4	-1	2	4	2	4

w		to				
		0	1	2	3	4
from	0	0	10	40	50	20
	1	∞	0	30	50	10
	2	∞	30	0	20	40
	3	∞	90	60	0	40
	4	∞	50	20	40	0

圖 6-12

w 的值比較好認，一眼就能看出從 0 到 2 的最短路徑的累加權重為 40。那麼應該怎麼解讀 in 的值呢？其實 in[0] 儲存的是構成以 0 為起點的最短路徑的邊。例如若想知道 0->2 之間的最短路徑是什麼，陣列會說明：「從 0 到 2 要經過 4 哦！」。於是繼續查詢，發現從 0 到 4 要經過 1、從 0 到 1 是直接相連、從 0 到 0 是其本身—正好是之前 extractPath 函數的邏輯，直接拿來用就好了！因此，代入圖 (a) 和圖 (b) 後，嘗試取得 0 到 2 之間的最短路徑，便能得到 [0, 1, 4, 2] 和 [0, 3, 4, 2] 的輸出，以及它們的累加權重 40 和 30。

顯然，由於三重 for 迴圈的存在，Floyd-Warshall 演算法的時間複雜度為 O(n^3)，n 是頂點的總數。而且，與「慢速版」Dijkstra 演算法和 Bellman-Ford 演算法類似，Floyd-Warshall 演算法能夠應對正邊圖和帶負邊的圖，但不包括帶負環的圖。

6.7 最小生成樹

探索完最短路徑，馬上來瞭解一個與最短路徑有些「糾纏不清」（當然是對初學者來說）的問題—最小生成樹（minimum spanning tree，MST）。

什麼是最小生成樹呢？一般來說，很多用於建構連通性的城市設施都是雙向性的—道路、電纜、溝渠、管線……當資金比較充裕的時候，可以利用這些設施建構起龐大的網路，於是便有了公路網、電網、水網、管網等等。但當財力有限時，一個現實的問題就擺在面前—如何以最少的設施把城市連通起來呢？這個問題的本質其實是：如何去除無向圖頂點間冗餘的連通性，只保留唯一的連通性，且保證頂點間兩兩連通呢？或者反向思考：如何從一個頂點開始，在不產生冗餘連通性的前提下，不斷地增加邊、最終連通所有頂點呢？接著便會發現，當去掉冗餘的連通性後，無向圖就「展開」（span）成一棵樹的模樣，這就是「生成樹」（spanning tree）的由來。一個無向圖可能會有很多生成樹，當它的邊帶有權重時，這些生成樹總會有那麼一棵或幾棵的總權重最小，於是，這（些）總權重最小的生成樹便是「最小生成樹」。

透過現象看本質，隱藏在最小生成樹背後的數學本質是：如何找到一棵頂點平均權重最小的生成樹—為了保持頂點的連通性，頂點的個數不會變，所以，總權重最小意謂著頂點平均權重最小。這也從側面反映另一個問題—冗餘的連通性最不划算，因為它意謂著在頂點個數（分母）不變的情況下，白白增加總權重（分子），導致生成樹的頂點平均權重升高。

如果是剛剛學習完最短路徑然後來到本節，那麼腦子裡肯定會蹦出兩個問題來：「把圖上的最短路徑連接起來，不就是最小生成樹嗎？」，以及「最小生成樹上兩個頂點間的路徑，一定是最短路徑吧？」，用下面這張圖回答這兩個問題：

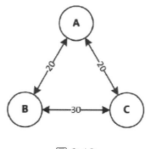

圖 6-13

先回答第一個問題：是不是把最短路徑都連接起來，就能形成最小生成樹？觀察上圖，A 與 B、A 與 C、B 與 C 之間的最短路徑，都是它們之間的直達邊，如果把這些最短路徑都選上，別說是最小生成樹，甚至連生成樹都沒得到！道理很簡單，多條最短路徑聚合在一起，有可能帶來連通性的冗餘。那麼，第二個問題呢？最小生成樹上頂點間的路徑，一定是最短路徑嗎？對於這個圖來說，它的最小生成樹是只保留 A-B 和 A-C 邊的樹，顯然此時 B 與 C 之間總權重為 40 的路徑不是最短路徑─B 與 C 之間權重為 30 的直達邊才是，但是它根本沒有入選。

現在可以放心地說：最小生成樹與最短路徑之間沒有必然關聯。以一個現實點的例子來說：利用最低的預算讓村村都通上公路（互有通路），和讓每個村之間都有最快的公路是兩碼事。

如今已經明白最小生成樹的原理，那麼，在一個給定的有權無向圖上，怎樣才能找出它的最小生成樹呢？這裡將學習兩個常用的演算法：一個是「順藤摸瓜」型的 Prim 演算法（Prim's algorithm），一個是「遍地開花」型的 Kruskal 演算法（Kruskal's algorithm）─它們都建構在優先佇列的基礎上，且有異曲同工之妙。

建構有權無向圖

本節將使用下面的無向圖圖 (a) 作為輸入資料。圖 (b) 和圖 (c) 則是兩棵可能的最小生成樹。

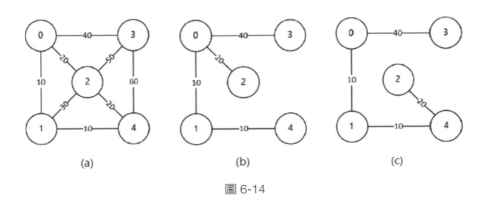

圖 6-14

之前曾拿兩條有向邊來表示一條無向邊，但這種做法會讓最小生成樹的演算法變得麻煩，所以，這次重新設計了 Edge 類別。而且，為了協助大家體驗另一種讓資料具有比較性的方法，Edge 類別實作了 Comparable<T> 介面，而不是像之前那樣建立專門的 Comparator<E> 衍生類別。

```
public class Edge implements Comparable<Edge> {
    public int v1;
    public int v2;
    public int weight;

    public Edge(int v1, int v2, int weight) {
        this.v1 = v1;
        this.v2 = v2;
        this.weight = weight;
    }
}
```

```
    public int compareTo(Edge that) {
        if (this.weight < that.weight) return -1;
        if (this.weight > that.weight) return 1;
        return 0;
    }
}
```

並且使用下列的程式碼表達有權無向圖（仍然是鄰接表法）：

```
public class Main {
    public static void main(String[] args) {
        int[][] raw = {{0, 1, 10}, {0, 2, 20},
            {0, 3, 40}, {1, 2, 30}, {1, 4, 10},
            {2, 3, 50}, {2, 4, 20}, {3, 4, 60}};

        var ga = buildGraph(5, raw);
    }

    public static List<List<Edge>> buildGraph(int vCount, int[][]
                                                            raw) {
        var g = new ArrayList<List<Edge>>();
        for (var v = 0; v < vCount; v++)
            g.add(new ArrayList<>());
        for (var r : raw) {
            var edge = new Edge(r[0], r[1], r[2]);
            g.get(edge.v1).add(edge); // 邊上的兩頂點共用同一條邊
            g.get(edge.v2).add(edge);
        }

        return g;
    }
}
```

Prim 演算法

Prim 演算法的原理是：以頂點為「核心」，在保證不產生冗餘的情況下，不斷地把與核心頂點直接相連、權重最小的邊收集起來，並將由邊帶來的新頂點納入核心，使這棵樹持續擴張、生長。因為每增加一個新頂點（增大分母）的時候，都會嚴格控制它不產生冗餘，並且增加權重最小的邊（盡可能小地增大分子），所以，最終便能得到一棵最小生成樹。

循著這個思路，程式碼的實作如下：

```java
public static List<List<Edge>> getMst(List<List<Edge>> g) {
    var vCount = g.size();
    var mst = new ArrayList<List<Edge>>();
    for (var v = 0; v < vCount; v++)
        mst.add(new ArrayList<>());
    var vertices = new HashSet<Integer>();
    vertices.add(0);
    var pq = new PriorityQueue<>(g.get(0));
    while (vertices.size() < vCount) {
        var e = pq.poll(); // 目前權重最小的邊
        if (!vertices.contains(e.v1)) {
            mst.get(e.v1).add(e);
            mst.get(e.v2).add(e);
            vertices.add(e.v1);
            pq.addAll(g.get(e.v1));
        } else if (!vertices.contains(e.v2)) {
            mst.get(e.v1).add(e);
            mst.get(e.v2).add(e);
            vertices.add(e.v2);
            pq.addAll(g.get(e.v2));
        } // e.v1和e.v2都已經存取過的邊，不做任何處理
    }
```

```
    return mst;
}
```

　　把圖 (a) 的資料（即 ga）代入演算法，就能得到與圖 (b) 對應的最小生成樹。如果把原始資料的 {2, 4, 20} 提前到 {0, 2, 20} 之前，那麼結果將是與圖 (c) 對應的最小生成樹。另外，程式碼使用了 PriorityQueue<E> 的 addAll 方法，好將與頂點相連的所有邊都加進優先佇列，倘若認為這樣做過於「粗獷」，那麼也可改用 for 迴圈逐一加入，並於加入時過濾掉另一個頂點已經存取過的邊。

Kruskal 演算法

　　與 Prim 演算法逐步將邊拉入優先佇列的做法不同，Kruskal 演算法一上來就把所有的邊加入優先佇列，然後讓它們按照權重由小到大彈出來。Kruskal 演算法的原理是：從權重最小的邊開始收集，只要收集一條邊的時候不產生冗餘即可。換句話說，就是每次都讓分子取得最小增量，同時避免冗餘造成只增加分子、不增加分母的情況。那麼，如何才能知道一條邊的加入會不會產生冗餘呢？這又要請出老朋友一併查集了。如果一條邊的兩個頂點分屬不同的根，表示這條邊的加入不會產生冗餘，而且會將原來無連通性的兩組頂點合併為一組。

　　循著這個思路，實作 Kruskal 演算法的程式碼如下：

```
public static List<List<Edge>> getMst(List<List<Edge>> g) {
    int vCount = g.size(), eCount = 0;
    var mst = new ArrayList<List<Edge>>();
    for (var v = 0; v < vCount; v++)
        mst.add(new ArrayList<>());
    var to = new int[vCount];
    Arrays.fill(to, -1);
```

```
   var pq = new PriorityQueue<Edge>();
   for (var edges : g) pq.addAll(edges);
   while (eCount < vCount - 1) {
      var e = pq.poll(); // 目前權重最小的邊
      int r1 = find(to, e.v1), r2 = find(to, e.v2);
      if (r1 == r2) continue; // 此邊會產生冗餘
      union(to, e.v1, e.v2);
      mst.get(e.v1).add(e);
      mst.get(e.v2).add(e);
      eCount++;
   }

   return mst;
}


// 併查集的「查」
private static int find(int[] to, int child) {
   if (to[child] == -1) to[child] = child;
   while (child != to[child]) child = to[child];
   return child;
}

// 併查集的「併」
private static void union(int[] to, int u, int v) {
   int ru = find(to, u), rv = find(to, v);
   if (ru != rv) to[ru] = to[rv];
}
```

　　代入 ga 以及調整 {2, 4, 20} 在原始資料的位置，將得到與 Prim 演算法一樣的結果。理論上可以等優先佇列中所有邊都彈出來後，再結束 while 迴圈，但實際上只要收集到頂點總數減 1 條邊，代表已經建構完成最小生成樹。因為不冗餘地以無向邊連通 n 個頂點，只需要 n-1 條邊。

6.8 最大流：超時空移花接木

「問渠那得清如許，為有源頭活水來」，用這句充滿禪意和哲理的詩引出這節的話題，真是再合適不過！只要是涉及「流量」的地方，無論是水流、電流、物流還是資訊流，通常都會關心一個非常重要的問題—最大流量。現實世界中，生產端的產出量和消費端的處理能力往往比較明確，很容易取得，但介於生產端和消費端之間，一般都不會只有一條通路，而且這些通路之間還會互相交叉、關聯，形成一個有方向的傳輸網路。正因為傳輸網路的複雜性，造成它的最大輸送量，即最大流（maximum flow），需要透過計算才能看清。

一般情況下，會把一個流量網路（flow network）抽象成一個允許有環路的有向圖，而且圖上會有兩個獨特的頂點—源點（source）和匯點（sink）—流量從源點發出，最終全部匯入匯點。流量網路的每條邊都有兩個非負的重要屬性，一個是「容量」（capacity，即流量的上限），另一個是「流量」（flow，即目前流量）。流量網路的最大流就是匯入匯點所有邊的流量之和。可以想像每條邊都有一個「閥門」，用來控制它的流量，這樣一來，便能把流入頂點的流量，按照需求分配給由這個頂點發出的各條邊，同時保證每個頂點的輸入流量和輸出流量相等。對於一個流量網路來說，它的最大流量只有一個，但分配給每條邊的流量可能會有多個方案。

下面的有向圖就是本節所用的流量網路，它的最大流量是 23。邊上的數字稱為邊的「標籤」（label），以「流量 / 容量」來表示；當流量為 0 的時候，標籤只顯示容量。圖 (a) 是初始狀態，圖 (b)、圖 (c) 和圖 (d) 則是達到最大流量的三個可能方案。不同的演算法，或者同一個演算法、但掃描邊的順序不同，都有機會得到不同的方案，但不同方案得出的最大流量是一樣的。

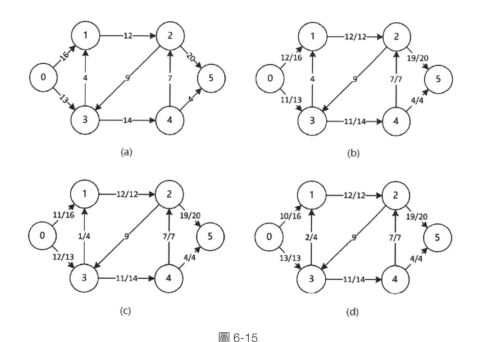

圖 6-15

　有很多探尋最大流的演算法，本節將學習經典的 Ford-Fulkerson 方法（沒錯，這裡的 Ford 就是 Bellman-Ford 最短路徑演算法裡的 Ford）。之所以稱為「方法」（method）而非演算法，是因為這個方法是由多個步驟組成，有些步驟的實作在不同的演算法中會略有不同。下文中「Ford-Fulkerson 方法」和「Ford-Fulkerson 演算法」是可以互換的概念，不必糾結。

　下面就來拆分學習 Ford-Fulkerson 演算法的每個元件，最後再把它們拼裝起來，以形成一個完整的演算法。

殘差邊、反向邊、殘差網路、增廣路徑

　雖然是探尋最大流量，但 Ford-Fulkerson 演算法並不能直接應用至流量網路，而是要先把流量網路轉換成殘差網路（residual network），再於其上施展

Ford-Fulkerson 演算法。那麼，什麼是「殘差網路」呢？這又得從「殘差邊」
（residual edge）說起。

　　流量網路上的邊稱為「流量邊」（flow edge），流量邊有兩個重要的屬性一
容量和流量，已描述於前文。殘差邊是流量邊的一個變形，殘差邊只記錄一個
屬性，就是這條邊的「剩餘容量」。例如，一條流量邊的容量是 10、流量是 8，
把它轉換成殘差邊，那麼這條殘差邊的「殘差」（相對於原流量邊容量的剩餘容
量）便是 2。更重要的是，將流量邊轉換成殘差邊時，總是把流量邊轉換成一對
（而非一條）殘差邊。這對殘差邊中，一條與流量邊方向一致，稱為「正向殘差
邊」，用來記錄流量邊還剩下多少可用容量；另一條則與流量邊的方向相反，稱
為「逆向殘差邊」，用來記錄流量邊已消耗多少容量（正好等於流量）。為什麼要
有一條逆向殘差邊呢？這正是 Ford-Fulkerson 演算法的巧妙之處！逆向殘差邊
的意義有兩個，一個是告知由它連接的兩個頂點之間有連通性，另一個則是表明
有多大容量可以「還給」正向邊。為什麼要「還」呢？詳述於後文。顯然，正逆
兩條殘差邊的容量是「此消彼長」的關係，但最小值都是 0，最大值為流量邊的
容量。圖 6-16 是頂點 0 與頂點 1 之間殘差邊的畫法，一般情況下會省略容量為
0 的那條殘差邊，但是需要理解它的存在：

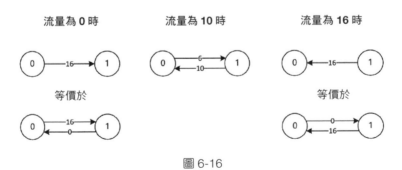

圖 6-16

　　知道什麼是殘差邊之後，殘差網路就容易理解了。殘差網路便是由頂點和頂
點之間的殘差邊（對）所構成的圖。圖 6-17 是將一個流量網路表示為其對應的

殘差網路，一定要仔細理解：

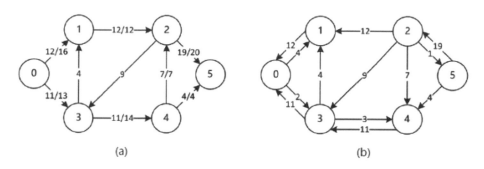

圖 6-17

　　理解什麼是殘差網路後，接著引入一個非常重要的概念—「增廣路徑」（augmenting path）。所謂「增廣路徑」，指的就是殘差網路上由殘差邊和相反邊組成、從源點到匯點的路徑。之所以叫「增廣路徑」，是因為這條路徑一定能幫助增加最大流量。有人可能會問：「什麼？反向邊可以參與組成路徑？還能增加最大流量？想不通啊！」沒關係，學完下一小節就明白了。

容量返還

　　容量的返還（return）指的是逆向殘差邊把自己代表、被消耗的容量還給正向殘差邊，亦即由正向殘差邊代表的剩餘容量增大了。有些書也把它稱為「流量抵消」（flow cancellation），但個人的建議是—不要管什麼流量，緊盯著容量即可，不然思維容易亂掉。那麼，什麼是「容量返還」，為什麼又要「返還」容量呢？若想弄清楚這個問題，還真得費點兒腦筋。為了降低它的理解難度，底下分兩步來解釋—第一步是證明容量可以返還，第二步是推演怎樣返還容量。

　　首先，證明容量返還的可行性。請看底下這張圖（一張普通的示意圖，既非流量圖也不是殘差圖）：

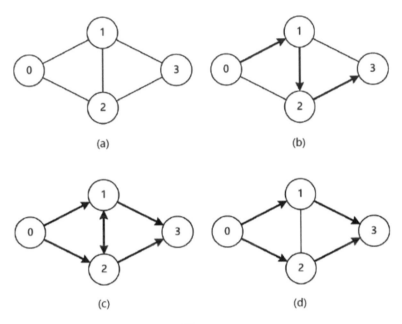

圖 6-18

　　圖 (a) 表示 0、1、2、3 四個城市之間有公路相通。假設城市 0 有個水庫，水資源豐富，但城市 3 缺水，於是城市 3 請求沿著公路修建一條輸水管道（沿公路修建比較好維護）。但因為正趕上城市 1->3 之間的公路正在維修，所以，輸水管道選擇了 0->1->2->3 這條路徑，如圖 (b) 所示。過了一段時間，城市 3 仍然覺得水不夠用，於是請求再修一條輸水管道，這時正趕上城市 2->3 之間的公路正在維修，於是第二條輸水管道選擇了 0->2->1->3 這條路徑，如圖 (c) 所示。修好之後，大家發現，如果把第一條輸水管道的 0->1 段和第二條輸水管道的 1->3 段「混搭」起來，再把第二條輸水管道的 0->2 段和第一條輸水管道的 2->3 段「混搭」起來，這兩條輸水管道就不用沿著城市 1 與 2 之間的公路鋪設了，如圖 (d) 所示。透過這個簡單的例子，可證明一點，亦即藉由適當的調度，便可避免對公路（或者容量）的不必要佔用。

那麼，問題來了：怎樣才能明智地調度容量，以避免不必要的佔用呢？接下來就推演一下。請看底下這張圖：

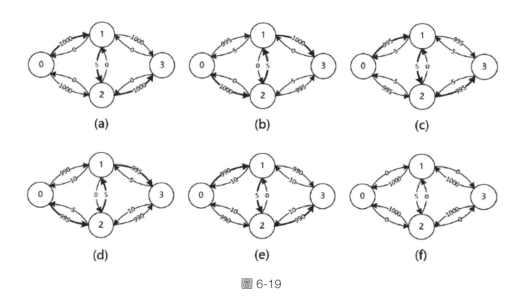

圖 6-19

圖 (a) 是一個殘差圖的初始狀態。觀察圖 (a) 很容易發現：如果演算法能夠「智慧」地選擇 0->1->3 和 0->2->3 兩條增廣路徑，那麼很快就能得到最大流為 2000 的答案。但演算法設計不能投機，只能「做最壞打算」，也就是演算法在圖 (a) 選擇了 0->1->2->3 這條增廣路徑。0->1->2->3 這條增廣路徑會為最大流增加 5，並且耗盡 1->2 之間正向殘差邊的全部容量，同時在 2->1 之間產生一條容量為 5 的逆向殘差邊，此時可得到圖 (b)。關鍵時刻來了—演算法在圖 (b) 選擇了 0->2->1->3 這條增廣路徑，該路徑有幾點重要的意義：

- 首先，找到路徑說明由源點發出的邊和進入匯點的邊一定是正向的，亦即一定有一個或大或小的正容量 c 可以消耗。

- 其次，如何看待增廣路徑上的逆向邊？逆向邊表示—與它們配對的正向邊上一定是有負載、消耗了容量（不然哪來的逆向邊）。

- 進而，具體到逆向邊 2->1，它傳遞的資訊是：之前的某條或者某幾條路徑消耗過從 1 到 2 的容量，而且頂點 2 與匯點一定相通。

- 現在，把可以用來消耗的容量 c，透過 2 與匯點的連通性導向匯點，同時「穿越」回過去。假設過去的時刻裡，1->2 這條正邊並沒有消耗過 c 這麼多容量─如何表達「過去的時刻裡，1->2 這條正邊並沒有消耗過 c 這麼多容量」呢？就是把容量 c 從逆向邊 2->1，返還到正向邊 1->2 上。

- 最後，既然「過去」該從 1->2 消耗的容量 c，已經被現在的增廣路徑（前半段）的容量所頂替，直接從 2 安全地匯入匯點，那麼「過去」本該經過 1->2，實則卻沒有經過 1->2 的容量 c，豈不是卡在頂點 1？怎麼辦呢？正好從現在的增廣路徑（後半段）上匯入匯點嘛！

於是，透過修改容量消耗歷史，對殘差網路上於不同時間產生的增廣路徑完成一次精彩的「超時空移花接木」，並且得到圖 (c)。圖 (c) 從 1 到 2 的邊就好像什麼事都沒發生過一樣，而增廣路徑 0->2->1->3 的容量，好像是「跳過」了逆向邊，直接穿越到逆向邊的對面，最後進入匯點。

為了方便大家思考，想通帶有逆向邊的增廣路徑，圖 (d) 和圖 (e) 是對前面操作的重複，請自行推演。圖 (f) 則是最終達到最大流的結果。經過這一路的折騰，我們也從側面明白一個道理，那就是增廣路徑的選擇將大幅地影響 Ford-Fulkerson 演算法的效率─請想像一下頂點 1 與 2 之間的流量邊容量僅為 1，且演算法不巧總是在 0->1->2->3 和 0->2->1->3 兩條增廣路徑之間切換的情形。這就是為什麼後來出現了很多演算法，都是試圖最佳化增廣路徑的生成和選擇。

Ford-Fulkerson 演算法實作

Ford-Fulkerson 演算法是個典型的不好理解，但理解之後很容易實作的演算法。現在已經集齊 Ford-Fulkerson 演算法的各個元件，接著便是實作了。

首先，宣告代表殘差邊的 ResidualEdge 類別：

```java
public class ResidualEdge {
    public int from, to, capacity;
    public boolean isReversed;
    public ResidualEdge paired;

    public ResidualEdge(int from, int to, int capacity) {
        this.from = from;
        this.to = to;
        this.capacity = capacity;
    }
}
```

然後，跳過產生流量圖的步驟，直接以原始資料產生殘差網路：

```java
public class Main {
    public static void main(String[] args) {
        int[][] raw = { // from, to, capacity
            {0, 1, 16}, {0, 3, 13}, {1, 2, 12}, {2, 3, 9}, {2, 5, 20},
            {3, 1, 4}, {3, 4, 14}, {4, 2, 7}, {4, 5, 4}};

        var n = buildResidualNetwork(6, raw);
    }

    public static List<List<ResidualEdge>> buildResidualNetwork(
                                    int vCount, int[][] raw) {
        var n = new ArrayList<List<ResidualEdge>>();
        for (var v = 0; v < vCount; v++)
            n.add(new ArrayList<>());
        for (var r : raw) {
            var e1 = new ResidualEdge(r[0], r[1], r[2]);
```

```
        var e2 = new ResidualEdge(r[1], r[0], 0); // 逆向邊
        e1.paired = e2;
        e2.paired = e1;
        n.get(e1.from).add(e1);
        n.get(e2.from).add(e2);
        e2.isReversed = true;
    }

    return n;
  }
}
```

由前面的章節得知，在圖上窮舉路徑時，最節省記憶體的演算法是回溯法。因此，這裡便以回溯法實作 Ford-Fulkerson 演算法：

```
public static void augment(List<List<ResidualEdge>> n, int sink,
    Set<Integer> visited, Stack<ResidualEdge> path, int v, int
                                                            cap) {
  if (visited.contains(v)) return; // 發現環路
  visited.add(v);
  if (v == sink) {
    for (var e : path) { // 消耗或返還容量
      e.capacity -= cap;
      e.paired.capacity += cap;
    }
  } else {
    for (var out : n.get(v)) {
      if (out.capacity == 0) continue;
      path.push(out);
      var minCap = Math.min(out.capacity, cap);
      augment(n, sink, visited, path, out.to, minCap);
      path.pop();
```

```
      }
    }
  visited.remove(v);
}
```

測試程式碼，得到最大流為 23：

```
int source = 0, sink = 5, maxFlow = 0;
var visited = new HashSet<Integer>();
augment(n, sink, visited, new Stack<>(), source, Integer.MAX_VALUE);

// 收集匯點逆向邊上的容量
for (var out : n.get(sink))
   maxFlow += out.capacity;
System.out.println(maxFlow);
```

有興趣的話，還可以列印出殘差網路上所有邊的容量並觀察。進而調整原始資料中邊的順序，查看最大流在各個邊的分配如何變化。另外，請注意 ResidualEdge 的欄位 isReversed，它並沒有參與探尋最大流的演算法邏輯。是的，此欄位是為了便於把殘差網路恢復成流量網路而來，不然到時候便無法確定一對殘差邊中，哪個是正向、哪個是逆向的邊。

6.9 最小割：流量的瓶頸

假設您是一位戰場上的將軍，偵查衛星發現敵人正通過公路網，從城市 A 向城市 B 集結，現在需要派出特種部隊破壞一部分公路，好讓敵人徹底無法集結。作為一名有遠見的將軍，深知「破壞容易重建難」的道理—公路越寬，運輸能力

越強，修復成本也就越高。那麼，應該破壞哪些公路，既可達到現在完全阻斷敵人的集結，又能讓未來重建的成本最小呢？

其實，這就是一個典型流量網路的「最小割」（minimum cut）問題。把它抽象成圖演算法問題，便成了：在一個流量網路上，移除哪幾條邊就能徹底切斷源點到匯點的流量，並且保證移除的邊的容量和最小呢？如果移除一組邊就能徹底隔絕源點與匯點，那麼這組邊便稱為流量網路上的一個「割」（cut）。一個流量網路可能有很多個割，但總有一個或幾個割的總容量最小，這個（或這些）割就稱為「最小割」。

如何才能找到最小割呢？很簡單─找到最大流即可！因為最大流與最小割的總容量一定相等。此點很好證明：最小割也是割，所以它能夠徹底割斷網路，而且總容量最小，即使最大流也只是把最小割的容量都耗盡而已。因此，最大流不可能比最小割的總容量大，因為最小割的總容量是網路流的上限；最大流也不可能比最小割的總容量小，如果小的話說明流量還沒有達到最大。

明白最大流與最小割之間的關係，接下來就好辦了─只需要找到一組邊，且它們的總容量加起來等於最大流，代表應該是最小割了。但很快就會發現─能滿足這個要求的邊的組合實在太多，而且不一定是最小割，甚至可能連割都不是。此時應該怎麼做呢？辦法很簡單：首先利用前面學過的最大流演算法找出最大流，如果最終得到的是一個流量網路，便從源點開始，以尚未滿載的流量邊做 BFS，收集所有非內部滿載邊後，就得到了最小割。如果尋找最大流的時候，得到的是一個殘差網路，便從源點開始，以殘差大於 0 的正向邊（相當於未滿載的流量邊）做 BFS，最後收集所有殘差為 0 的非內部正向邊（相當於滿載邊）。所謂「內部邊」，指的就是邊的起點和終點都包含在被 BFS 掃描過的頂點裡。

下面這張圖有兩個已經找出最大流的流量網路，透過觀察發現，利用上面的原理收集滿載邊，就能得到最小割。圖 (a) 的最小割由邊 1->2、4->2、4->5

構成；圖 (b) 的最小割則由邊 1->2、3->4、5->2、5->4、5->6 構成，注意邊 0->5，它的起點和終點都被 BFS 存取到，表示它是一條內部邊，不會收集進最小割裡：

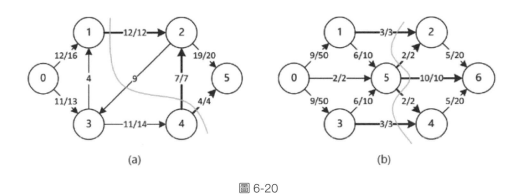

圖 6-20

上一節 Ford-Fulkerson 演算法產生的殘差圖上，可以利用下列程式碼尋找最小割：

```
public static List<ResidualEdge> getMinCut(List<List<ResidualEdge
                                    >> n, int source) {
  var minCut = new ArrayList<ResidualEdge>();
  var visited = new HashSet<Integer>();
  var q = new LinkedList<Integer>();
  visited.add(source);
  q.offer(source);
  while (!q.isEmpty()) { // BFS
    int from = q.poll();
    for (var out : n.get(from)) {
      if (out.isReversed || out.capacity == 0
          || visited.contains(out.to)) continue;
        visited.add(out.to);
        q.offer(out.to);
```

```
        }
    }

    for (var v : visited) // 收集非內部正向滿載邊

        for (var out : n.get(v))

            if (!out.isReversed && out.capacity == 0
                    && !visited.contains(out.to))
                minCut.add(out);


    return minCut;
}
```

如果將上一節得到的殘差圖，代入這個最小割演算法：

```
var minCut = getMinCut(n, source);
for (var re : minCut)
System.out.printf("%d->%d\n", re.from, re.to);
```

可以得到一個由三條邊組成的最小割。三條邊正是 1->2、4->2 和 4->5，與圖 (a) 一致。得到結果的一剎那，心中不禁感慨中華文化的博大精深——一般常用「一夫當關，萬夫莫開」形容一處關隘的險要與易守難攻，這類關隘往往修築於交通網的咽喉要道上，這些咽喉要道都有一個共同的特點—「窄」，或者說容量小。如果在地圖上把這些關隘連接起來，連接線所形成的割線，應該就是某個時代戰略運輸上的「最小割」了。由此看來，無論是絲綢之路的雄關漫漫，神州大地的鎖鑰重鎮，還是中華文明的象徵之一——長城，都蘊藏著最小割的原理啊！

6.10 拓撲排序

　　現實生活中，很多事情都必須按照一定的順序來做。這個順序背後隱藏的，可能是邏輯上的依賴關係，或者是不能改變的社會規則。例如，下班後想吃番茄炒蛋，但冰箱已經空了，那麼「買雞蛋」和「買番茄」兩件事，就必須做在「炒雞蛋」之前，因為它們之間有邏輯上的依賴關係。但先買雞蛋還是先買番茄就隨意了，因為這兩件事情之間沒有什麼依賴關係。再例如，每天上班之前必做的三件事是洗澡、穿正裝、坐公車，它們之間遵循的就是社會規則—雖然法律並沒有禁止穿好正裝後再洗澡，但真的很難想像渾身淌著水，坐在公車上是什麼樣的場景……

　　諸如這樣的例子數不勝數，可以全部歸類為「調度問題」（scheduling problems）。簡單的調度問題只需要求出事情的先後順序即可，而複雜的還要在順序的基礎上，考慮一個或者多個維度上權重的最佳化。因為調度是個很大的話題，所以本節只討論求解先後順序的簡單問題。求出先後順序後，只需要結合之前已經深入探討的動態規劃，就能解決很多複雜、需要考慮權重的問題了。

　　求解的問題如下：學校給定 5 門必修課以及它們的先修關係，例如修課程 4 之前必須已經修完課程 1、2、3，修課程 2 之前需要修完課程 1 等等，請問學生應該按照什麼樣的順序修習這些課程？

　　因為先修關係是由老師們提出來，每門課的老師只關心這門課的學生，之前是否已經修完必要的基礎課程，但他／她不會關心修習這些基礎課程的順序。例如，講授課程 4 的老師會跟學生說：「報這門課之前，1、2、3 三門課都要學完哦！」，而他／她不會關心學生是先學課程 1 還是課程 2。但講授課程 2 的老師會跟學生說：「報這門課之前，課程 1 要有成績哦！」這時候，學生便確定了要先修課程 1、再修課程 2。一旦課程變多之後，就得利用演算法，才能

在這些錯綜複雜的依賴關係中釐清先後順序，而這個演算法便是「拓撲排序」
（topological sort）。「拓撲排序」和「拓撲順序」（topological order）兩個詞經
常混用，實際上，拓撲排序的作用，就是在一個有向無環圖上找出元素間的拓撲
順序。

下面這張圖用來描述課程之間的先修關係：

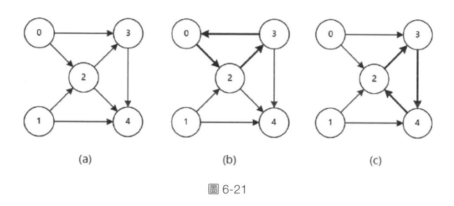

圖 6-21

圖上的每個頂點代表一門課程，頂點之間的有向邊則是先後順序一邊的起點
表示需要先學的課程，邊的終點代表後學的課程。顯然，只有有向無環圖的頂點
才會有拓撲順序。想想也知道，如果課程 2 的老師要求先學完課程 1 再報他／她
的課，而課程 1 的老師卻要求先學完課程 2 才能報他／她的課，這課就沒法選
了。所以，無論是有環的有向圖，還是天生就帶環的無向圖，都不能拿來做拓撲
排序。因此，圖 (a) 是正確的課程先修關係，圖 (b) 和圖 (c) 都是有問題、帶環的
關係。下面開始設計拓撲排序演算法，並以這三張圖來驗證。

入度圖與出度圖

之前建構的所有圖都是出度圖，亦即當把圖呈現為鄰接表後，列表的
索引表達的是邊的出發頂點，而列表的元素則是由出發頂點所引出的邊

（List<List<Edge>>），或者所進入的頂點（List<List<Integer>>）。入度圖正好相反，鄰接表的索引表達的是邊的進入，而列表的元素則是由哪些邊或哪些頂點能夠進入此頂點。

下面的程式碼以原始資料分別建構成出度圖和入度圖：

```java
public class Main {
    public static void main(String[] args) {
        int[][] raw = { // {from, to}
            {0, 2}, {0, 3}, {1, 2}, {1, 4},
            {2, 3}, {2, 4}, {3, 4}};

        var vCount = 5;
        var outG = buildGraph(vCount, raw, true);
        var inG = buildGraph(vCount, raw, false);
    }

    public static List<List<Integer>> buildGraph(int vCount,
                                      int[][] raw, boolean isOut) {
        var g = new ArrayList<List<Integer>>();
        for (var v = 0; v < vCount; v++)
            g.add(new ArrayList<>());
        for (var e : raw)
            if (isOut)
                g.get(e[0]).add(e[1]); // 建構出度圖
            else
                g.get(e[1]).add(e[0]); // 建構入度圖
        return g;
    }
}
```

理解頂點的入度

拓撲排序的一個關鍵知識是頂點的入度，亦即有多少條邊進入這個頂點。沒有邊進入的頂點入度為 0。下列函數介紹如何在出度圖和入度圖上，尋找入度為 0 的頂點：

```java
public static List<Integer> getEntries(List<List<Integer>> g,
                                       boolean isOut) {
  var vCount = g.size();
  var entries = new HashSet<Integer>(); // 方便remove
  if (isOut) {
    for (var v = 0; v < vCount; v++)
      entries.add(v);
    for (var v = 0; v < vCount; v++)
      for (var to : g.get(v))
        entries.remove(to);
  } else {
    for (var v = 0; v < vCount; v++)
      if (g.get(v).size() == 0)
        entries.add(v);
  }

  return new ArrayList<>(entries);
}
```

分別在出度圖和入度圖上呼叫該函數，都能得到 [0, 1] 的輸出。這個輸出很重要，因為它告知 0 和 1 兩門課程的入度（in-degree）為 0，也就是說，這兩門課程不需要任何先修課程，因此可以先從它們學起。顯然，如果發現根本沒有入度為 0 的頂點，代表無法入手拓撲順序的求解—因為這肯定是有環的圖。請注意：沒有入度為 0 的頂點表示圖上有環，但圖上有環不一定就沒有入度為 0 的頂點，例如圖 (b) 和圖 (c)。

完成準備工作後，下一步就可以設計演算法。遞推和遞迴都能用來實作拓撲排序，分述如下。

遞推實作

遞推版拓撲排序的原理是：從初始入度為 0 的頂點入手，把它們壓進佇列。從佇列彈出頂點的時候，將所有此頂點去往頂點的入度減 1，如果發現某個入度變為 0，便把此頂點壓入佇列。循環往復，直至佇列為空。因為環路上的折返邊，會導致折返邊進入的頂點入度增加，此類頂點會因入度不能即時降為 0，永遠無法進入佇列。因此，當圖上有環路的時候，佇列就會過早地變空，排序結果集的長度便小於頂點的總數。

實作此設計思路，得到下面的程式碼：

```java
public static List<Integer> sort(List<List<Integer>> outG) {
    var vCount = outG.size();
    var inDegree = new HashMap<Integer, Integer>();
    for (var v = 0; v < vCount; v++)
        inDegree.put(v, 0);
    for (var toList : outG)
        for (var to : toList)
            inDegree.put(to, inDegree.get(to) + 1);
    var order = new ArrayList<Integer>();
    for (var v = 0; v < vCount; v++)
        if (inDegree.get(v) == 0)
            order.add(v);
    var q = new LinkedList<>(order);
    while (!q.isEmpty()) {
        var from = q.poll();
        for (var to : outG.get(from)) {
```

```
        var d = inDegree.get(to);
        inDegree.put(to, --d);
        if (d == 0) {
            order.add(to);
            q.offer(to);
        }
    }
}

return order.size() == vCount ? order : null;
}
```

　　有意思的是，因為它看上去有點像 BFS，所以經常會被稱為「拓撲排序的 BFS 實作」，其實它跟 BFS 一點關係都沒有。特別是它的結果順序與 BFS 的結果順序，可能會有極大的不同。例如，一個與源點直接相連的頂點 v，在 BFS 會很早地出現於結果集；但在拓撲排序中，如果有若干條比較長的路徑匯入 v，那麼 v 將很晚才出現於結果集—因為它的依賴關係比較多。此外，BFS 也根本不在乎有沒有環。

遞迴實作

　　遞迴版拓撲排序的好處，是不用關心頂點的入度。其思路是：隨便從哪個頂點開始，做 DFS（真正的 DFS，後序的），結束後把頂點放入結果集即可。為了發現環路，除了提供 DFS 用的全域頂點存取記錄外，還要為每次 DFS 準備一個「私有的」頂點存取記錄。如果 DFS 的過程中發現「私有的」頂點存取記錄重複，便返回 null 值。換句話說，就是「不走回頭路」。程式碼如下：

```
// 包裝器
public static List<Integer> sort(List<List<Integer>> outG) {
    var vCount = outG.size();
    var visited = new HashSet<Integer>();
    var onPath = new HashSet<Integer>();
    var order = new LinkedList<Integer>();
    for (var v = 0; v < vCount; v++) {
        if (visited.contains(v)) continue;
        var isValid = collect(outG, v, visited, onPath, order);
        if (!isValid) return null; // 發現環路
    }

    return order;
}

private static boolean collect(List<List<Integer>> outG, int from,
Set<Integer> visited, Set<Integer> onPath, List<Integer> order) {
    if (onPath.contains(from)) return false; // 發現環路
    if (visited.contains(from)) return true;
    onPath.add(from);
    visited.add(from);
    for (var to : outG.get(from)) {
        var isValid = collect(outG, to, visited, onPath, res);
        if (!isValid) return false;
    }
    order.add(0, from);
    onPath.remove(from); // 從路徑移除
    return true;
}
```

　　一般情況下，遞迴版的程式碼都比遞推版簡短，為什麼這次的遞迴版程式碼
又長又複雜呢？主因是其中增加了探測環路的邏輯。環路探測邏輯的複雜之處在

於，它應用回溯法的原理追蹤目前路徑上的頂點。換句話說，這版程式碼是一個 DFS 和回溯的「混合版」。如果去除其中的環路探測邏輯，遞迴版程式碼能少去一小半，並且會是一個非常乾淨漂亮的 DFS。

思考題

1. 如果給定的圖上保證沒有環路，那麼，如何簡化遞推版和遞迴版的拓撲排序演算法呢？

2. 文中為出度圖實作了遞推版和遞迴版的拓撲排序，請問能為入度圖也實作拓撲排序嗎？

從四月一日到五月十八日，經歷一個多月的筆耕不輟後，總算寫完這本自認為上不得什麼台面的書。之於我，這本書的寫作就是一場自我救贖。為什麼這樣說呢？因為本次寫作才有機會深入思考一些以前已經知道的東西，並且把之前似懂非懂、模棱兩可的東西看得真切，更有機會去探究一些之前不敢或者不願意觸碰的東西，最終用精鍊後的語言表述出來，呈現給大眾。一本書寫下來，終於在內心認可自己是個「合格的程式人員」了。這並非矯情，身為一名非電腦專業的開發者，一直以來都為自己沒能系統地學習一遍演算法，而感到惴惴不安、心裡不扎實。現在終於踏實了，而且面對程式任務時感覺自信倍增。究其根源，這種自信來自於一種對演算法的通透感和對程式碼的駕馭感——一旦對家周圍的大街小巷瞭若指掌後，當想從一個地方到另一個地方時，能這麼走、不能那麼走，心裡便十分清楚。所以，衷心希望每個人在讀完這本書之後，也能找到跟筆者一樣的感覺，甚至是超越。

這本書並沒有人向我約稿，個人也只是把它當作一種緩解壓力的長部落格文章來寫。是的，開始時正在備戰 Google 的面試，加上前段時間有點管不住自己，多打了幾盤剛發表的新遊戲，浪費不少的寶貴時間，所以心中頗為焦慮。寫作向來是件能讓自己平靜下來的事情，一旦寫起東西，沉浸其中，就好像進入到另一維世界，什麼焦慮與紛擾，瞬間全無！於是，筆者決定完成幾年來的心願─將備戰面試和競賽訓練時的心得總結出來、集結成冊─如此一來便可避免再浪費時間，二來也能與面試的準備產生結合性。幸運的是，在本書的寫作過程中，我通過了 Google 的面試，現在正在進行「團隊配對」（team matching）。團隊配對是 Google 招聘流程的一步，受到現下 COVID-19 新冠疫情的影響，整個招聘流程都進展得十分緩慢。有些公司甚至紛紛裁員，或許我就這麼與自己夢想中的公司擦肩而過也說不定……每個人都受到這場疫情的影響─無一例外，這就是歷史，而每個人都是歷史事件的一部分。希望這場影響世界的疫情趕快結束，也祝願每位讀者健康、平安。

個人不認為通過誰家的面試，拿了誰家的 offer 就增加自己的價值。我還是我，到底有多大價值還是要看自己對人們有多大作用。就個人看來，我的「用處」就是能幫助那些自強不息的學習者─讓他們以更少的痛苦、更快的速度和更高的品質，以獲得個人僅有的一點程式設計方面的知識和經驗。不是謙虛，這本勉強稱得上「書」的書籍，跟像《演算法導論》這類真正的書籍根本沒法比─它沒有論證、沒有參照、沒有評審、一己之力、東拼西湊……唯一說得過去的，就是它記述了自己對演算法和程式設計的真實感受。那是一種修行般、禪悟般的感受。

此去上一本書《深入淺出 WPF》的出版正好十年。跟水利社的春元兄聊過好幾次出第二版的事情，但作為一項具體的技術，原理都講述清楚了，而且微軟的文件品質近幾年來也是突飛猛進（無論是英文版還是中文版），所以再版的意義就不是那麼大了。但這本書不一樣，肯定還會再版。首先，還沒有涉及很多有

意思的話題，例如資料結構的實作、計算幾何和一些高階演算法等；其次，例題方面也捉襟見肘（或説「根本沒有」更貼切一些）。再加上肯定還需要更正很多錯誤，聽取很多大家的意見，因此，後記收筆之時便是下一版開始策劃之刻。

　　遠山深林、晨鐘暮鼓是修行，長路漫漫、風塵僕僕也是修行。飽讀詩書是修行，閱人無數也是修行。一杯茶、一盞燈是修行，登高山、望大海也是修行。總之，只要耐心、用心，事事皆為修行。修行不是形式主義，不是表演給別人看，而是自身切實地從中悟到、體驗了什麼。如此一來，寫作是修行，撰寫程式碼、磨利演算法也是修行—向著禪悟的修行。

劉鐵猛

2020 年 5 月 18 日，於 Kirkland 家中

▶ 演算法洞見：遞推與遞迴

Note

Note

Note

Note

民眾財經網

股市消息滿天飛，多空訊息如何判讀？

看到利多消息就進場，你接到的是金條還是刀？

消息面是基本面的溫度計

更是籌碼面的照妖鏡

不當擦鞋童，就從了解消息面開始

民眾財經網用AI幫您過濾多空訊息

用聲量看股票

讓量化的消息面數據讓您快速掌握股市風向

掃描QR Code加入「聲量看股票」LINE官方帳號

獲得最新股市消息面數據資訊

民眾新聞網

民眾日報從1950年代開始發行紙本報，隨科技的進步，逐漸轉型為網路媒體。2020年更自行研發「眾聲大數據」人工智慧系統，為廣大投資人提供有別於傳統財經新聞的聲量資訊。為提供讀者更友善的使用流覽體驗，2021年9月全新官網上線，也將導入更多具互動性的資訊內容。

為服務廣大的讀者，新聞同步聯播於YAHOO新聞網、LINE TODAY、PCHOME 新聞網、HINET新聞網、品觀點等平台。

民眾網關注台灣民眾關心的大小事，從民眾的角度出發，報導民眾關心的事。反映國政輿情，聚焦財經熱點，堅持與網路上的鄉民，與馬路上的市民站在一起。

歡迎訪問民眾網：https://www.mypeoplevol.com

博碩文化

博碩文化